冬 オランウータン
絶対に落ちない「受験の神様」やってます

春 ニホンカモシカ
ひとりでに取れちゃう春の「角」なのさ

秋 トウホクノウサギ
茶色いボディに白いウサ耳カチューシャ

春 ヒツジ
セーターを脱ぎ一足お先に衣替え！

冬 ニホンザル
全身もうもう大一年のサリしっパリ

夏 レッサーパンダ
リンゴの短冊で七夕に何を願う？

夏 ニホンザル
採れたて夏野菜でお腹も満足、くらしも充実

秋冬 クロクマ
冬支度中は森の賢者らしからぬ姿

春 アメリカビーバー
森の建築家ダムのお手入れに大わらわ

冬 モルモット
クリスマス！ケーキを食べて祝います

春・夏・秋・冬
どうぶつえん

森 由民

秋 コアラ
冬を迎える前に健康診断をチェック 体調を

春 インドクジャク
恋の雄叫びを動物園に響かせる

夏 カリバカ
真夏の夜は眠らない街で恋に大忙し

冬 カピバラ
恋のときめきで湯に泡を吹く！？大興奮

はじめに

　動物園ってなんでしょう。珍しい動物がたくさん見られるところ？　確かにそうです。でも、それだけなら何千年も前から世界各地の王様や貴族も、自分たちの力をアピールするために行っていました。動物園は、コレクション自慢の場所ではありません。野生動物を、本来の生息地での姿が伝わるように飼育展示すること、それが動物園の大切な理念であり、役割です。そして、訪れた私たちはそこで目にする、さまざまな姿、たとえばすごみを見せて骨をかじるライオン、枝から枝へと高速で渡っていくテナガザル、幼い我が子をなめて毛づくろいをしてやるキリンの母に驚いたり、心を和ませたり、楽しいひとときを過ごします。
　この本では、そんな動物園の動物たちの姿のなかから季節の折々に見ることができる光景を集めました。もともと日本に住んでいる動物なら、かれらが日本の四季とともに生きていることを教えてくれます。異なる気候の地域出身の動物たちについては、かれらが健やかにくらしていくために凝らしている工夫が、逆に日本の四季を感じさせてくれます。また、季節感という意味で、年中行事やイベント

と絡めた展示も紹介しています。これは、私たちのくらしと動物たちの生態の特徴が組み合った、日本の動物園ならではの光景です。日本の動物園にくらしているということは、動物たちも私たちと同じ春夏秋冬を過ごしているということ。さしずめ、"動物園歳時記"とでも言いましょうか。

　第二次世界大戦をまたいで約30年間、上野動物園の園長を務めた古賀忠道さんは「動物園は平和の象徴だ」と述べています。互いに対立し否定し合う戦争のなかでは、動物園も平和を語る場にはなれません。人間同士が尊び合うことと、他者としての動物に配慮すること、それが並び立つとき、ようやく動物園の理念が実現されます。

　本書をきっかけに、動物たちにはそれぞれにふさわしいくらしがあり、それを尊重することの大切さに気づいていただけたら、うれしく思います。そして、この本を携えて動物園に出かけていただければ、こんなにうれしいことはありません。

2018年10月　森 由民

もくじ

はじめに……2

1章 春のどうぶつえん

特等席でお花見中
桜の道をのんびり散歩
フタユビナマケモノ……10

オスはどこへ消えた?
春のトレンドは「角なし」
ニホンジカ……12

春の動物園は出産ラッシュ
強面父さんも子煩悩に
ライオン……14

冬眠から目覚めたら
そこは、春の草原だった
ニホンイシガメ……16

温室展示の扉の向こうは
1年中、春を告げる舞い
アサギマダラ……18

セーターを脱ぎ捨てて
一足お先に衣替え!
ヒツジ……20

森の建築家が、
ダムのお手入れに大わらわ
アメリカビーバー……22

恋のアピール合戦
動物園に雄叫びを響かせる
インドクジャク……24

授乳まで分担!
夫婦で子育て真っ盛り
ベニイロフラミンゴ……26

しがみついたらはなさない
お母さんの背中が大好き
ミナミコアリクイ……28

栄養満点! 春のごちそう
タケノコを心ゆくまで味わう
ジャイアントパンダ……30

コラム
動物が動物園に来るまで…32
動物園が閉まったあと、
動物は何をしているの?…34

2章 夏のどうぶつえん

ホースのシャワーで
ふるさとアフリカの雨季体験!
ハシビロコウ……38

リンゴの短冊で
七夕に何を願う?
レッサーパンダ……40

暑中見舞いは
雪山やエサ入りの氷
ホッキョクグマ……42

砂の上で日光浴が
夏の醍醐味
フェネック……44

完全冷房ルームで
快適な日々
シロイワヤギ……46

そうじの途中で待ちきれず
プールに向かって歩きだす
フンボルトペンギン……48

鼻でスイッチオン
真夏のシャワータイム
アジアゾウ……50

火照った体は、
水風呂で冷やして極楽
トラ……52

採れたて夏野菜で
お腹も満足、くらしも充実
ニシゴリラ……54

眠らない街が出現!?
真夏の夜は恋に大忙し
カリガネ……56

「歯と口の健康週間」に
大きな口をあけて歯みがき
カバ……58

前足をペロペロなめて
猛暑を乗り切る
アカカンガルー……60

土砂降りの雨のなか
迫力満点な泥浴び
シロサイ……62

群れでくらす仲間の
絆を示す毛づくろい
サバンナシマウマ……64

パイプの水路を
流れ、流され、大はしゃぎ
コツメカワウソ……66

> **コラム**
> 雨の動物園……68
> 動物たちは何を食べているの?……70

3章 秋のどうぶつえん

恋の季節を迎え
顔とお尻が赤く色づく
ニホンザル ……74

冬の訪れを前に
木の実をためこむ
ニホンリス ……76

茶色いボディに映える
白いウサ耳カチューシャ
トウホクノウサギ ……78

ぬれるの大嫌い!
雨の日はみんなで雨宿り
アカカンガルー ……80

食欲の秋×冬眠準備で
食いこみが止まらない
ニホンツキノワグマ ……82

特製カボチャで楽しむ
ハロウィン
ヒメウォンバット ……84

冬支度のときだけは
森の賢者らしからぬ姿
ホンドフクロウ ……86

1日の始まりは日光浴から
寒い季節は特に重要
ワオキツネザル ……88

冬を迎える前に
健康診断で体調をチェック
コアラ ……90

> コラム

お年寄り動物のためにできること ……92

**動物が病気になったら
どうするの?** ……94

4章 冬のどうぶつえん

春を前に薄墨色の恋化粧
トキ ……98

いい湯だな♫
冬は露天風呂で温まる
カピバラ ……100

大好きなネギをかじって風邪予防
チンパンジー ……102

半年間、丸まったまま！
究極の省エネおこもりスタイル
ニホンヤマネ ……104

全身も大そうじ！
1年のよごれを落としてサッパリ
ミシシッピーワニ ……106

冬でも緑の葉を楽しめる
飼育員の心づくし
アミメキリン ……108

動物たちが
雪に残したメッセージ
動物たちのあしあと ……110

絶対に落ちない
「受験の神様」やってます
オランウータン ……112

クマでも冬は大歓迎
雪が降ったら遊び倒す
ジャイアントパンダ ……114

ふわふわモコモコで
家族団欒
プレーリードッグ ……116

トナカイのメスは
クリスマスも出勤日
トナカイ ……118

メリークリスマス！
ケーキを食べて祝います
モルモット ……120

みんなで寄りそいポカポカ
冬の風物詩サル団子
ニホンザル ……122

オリーブオイルでスキンケア
冬の乾燥対策はこれで決まり
クロサイ ……124

恋のときめきで
泡を吹くほど大興奮
フタコブラクダ ……126

雪に喜び野山をかけ回る
オオカミ ……128

コラム
トレーニングは誰のため？ ……130
動物園の飼育員になるには ……132

主な日本の動物園……134
さくいん……140

1章 春のどうぶつえん

フタユビナマケモノ

特等席でお花見中
桜の道をのんびり散歩

　フタユビナマケモノが、春の陽気に誘われてお花見にやって来ました。鹿児島県の平川動物公園では、ナマケモノの散歩コースは桜の木。ナマケモノは木の上を散歩するのです。本人としては喜び勇んでいるのかもしれませんが、なにしろ3分かかっても、せいぜい100メートルくらいしか進めないので、私たちよりずっと至近距離で、のんびりと優雅に満開の桜を堪能しているように見えます。

　この木の上の散歩は、ナマケモノが一番得意とする動きです。ふだんのじっとしているときも、ずっとぶら下がっていて疲れないのかと思ってしまいますが、かれらは枝をつかんでいるのではなく、じょうぶで長いカギ爪でぶら下がっているのです。おとなのフタユビナマケモノの体長は70センチほどですが、カギ爪は10センチほどもあります。移動するときも、このカギ爪が確実に体を支えてくれるのです。

　平川動物公園の木の上の散歩は園路をまたいで行われますが、ナマケモノは木の上こそが自分の世界と考えているのでしょう。決して逃げたりはしません。

春

［フタユビナマケモノ］有毛目フタユビナマケモノ科
［体長］60〜70cm　［体重］4〜9kg　［分布］南アメリカ北部

| フタユビ ナマケモノ ひとことガイド | 常にスローなナマケモノは、じっと枝にぶら下がっているあいだに体に藻が生えることも。しかし、藻はカムフラージュ効果を上げるほか、毛づくろいのときに意図せず口に入り栄養補給に役立つと考えられています。 |

ニホンジカ

オスはどこへ消えた?
春のトレンドは「角なし」

　シカの仲間はオスだけに角がありますが、冬から春にかけての季節、動物園に行っても、そんなオスの姿は見当たりません。オスはどこへ行ってしまったのでしょうか。

　前年の秋、立派な角を生やしたオス同士は、その角を使って競い合い、メスにアピールしていました。そしてメスはより強く魅力的なオスを選び、交わるのです。

　しかし、赤ちゃんができると、メスはお腹の子と冬を越えることで頭がいっぱいになり、どんな立派な角にも関心がなくなります。こうなるとオスの角は無用の長物。冬を前にして根元から落ちてしまうのです。こうして冬を越え春を迎えるあいだ、角のないシカばかりとなります。

　でもよく見ると、すでに秋に向かいオスたちの準備が始まっています。左側の2頭は新しい角が顔を出しています。この時期の角は、ビロードのような皮ふで覆われた状態で伸びていき柔らかいのです。皮ふの下には、角の材料となる成分を運ぶ血管が通っているので、ほんのり温かくもあります。この状態の角を「袋角」と呼び、袋角を伸ばしかけたシカの姿は初夏の季語になっていて、松尾芭蕉の句にも詠まれています。

[ニホンジカ] クジラ偶蹄目シカ科
[体長] 90〜200cm　[体重] 25〜130kg　[分布] 東アジア、日本

春

ニホンジカ
ひとことガイド

生まれたばかりのシカの子は体に可愛らしい斑点を持っています。その名の通りの「鹿の子(かのこ)模様」ですが、おとなのシカも夏毛は鹿の子模様です。木もれ日にまぎれるカムフラージュとして役立つと考えられています。

ライオン

春の動物園は出産ラッシュ
強面父さんも子煩悩に

　春の動物園は出産ラッシュ。ライオンにも赤ちゃんが生まれます。お父さんライオンも、生まれてきた子どもたちと遊び、丹念になめて毛づくろいをするなど、百獣の王の顔からすっかり優しいお父さんの顔になっています。

　このおどかさは、ほかのオスと競う必要がない環境にいるライオンならではの姿です。動物園ではふつう、おとなのオス1頭だけで、始めから群れを組ませますが、野生ではオス同士が激しく戦います。最近の研究では、群れの基本はメス同士のつながりだと考えられていて、オスはほかのオスに勝つことでメスたちに認められ、受け入れられるのです。ちなみにメスの好みのたてがみは、黒々としてふさふさしたものですが、このようなたてがみは強くて健康なオスの証しとなっています。

　なお、ネコ科の動物は、おとなになるとオスもメスも単独でくらします。動物園でトラなどが1頭ずつで飼育展示されているのは、このためです。かれらは出会って交尾しますが、子育てはメスだけで行います。ネコ科の家族にはお父さんがいないのがふつうで、その意味でもライオンは珍しい存在なのです。

[ライオン] ネコ目ネコ科
[体長] 1.4～3m　[体重] 120～250kg　[分布] アフリカ、インド

| ライオン |
| ひとことガイド |

アフリカでも40℃近い高温となる低地では、オスライオンのたてがみがなくなることが知られています。メスやほかのオスへのアピールよりも、自分の熱中症対策のために、カッコつけてもいられない事情があるのです。

ニホンイシガメ

冬眠から目覚めたら
そこは、春の草原だった

　寒いあいだバックヤードにいたニホンイシガメも、お目覚めして屋外へのお引っ越しの季節です。展示場の水も温み、陸の部分にはタンポポなどの花も咲いて新生活が始まります。カメは周囲の気温や水温に大きく影響される外温動物なので、四季の変化に富んだ日本列島では、寒さが厳しい1～2月に冬眠しなければなりません。この時期、動物園では、かれらの体調などが心配される場合、環境が安定したバックヤードに移すようにしているのです。

　野生のニホンイシガメは、水のなかの落ち葉の下などで冬眠します。これも安定した環境を選ぶということでしょう。爬虫類なのに、ずっと水のなかにいておぼれないのだろうかと思いますが、口や肛門から取りこんだ水のなかの酸素を消化管の壁から体内に吸収できるので、苦しくはありません。陸に上がれば、私たちと同じ肺呼吸に戻ります。

　春のニホンイシガメは、石の上などでのんびりと日光浴するのも好きで、特に午前中が観察のチャンスになるでしょう。ゆっくりと体を温め、1日を始めようとしているカメたちに出会えます。

[ニホンイシガメ] カメ目イシガメ科
[甲長] 11～21cm　[体重] 750g　[分布] 本州、四国、九州

| ニホンイシガメ |
| ひとことガイド |

ニホンイシガメは甲羅で年齢がわかります。甲羅のひとつひとつのブロックを甲板と呼びますが、背中の甲板はよく見ると層になっています。これはまさに年輪です。一番上の層を０歳として数えていけばよいのです。

アサギマダラ

温室展示の扉の向こうは
１年中、春を告げる舞い

　動物園には、いつでも春を感じられる場所があります。チョウの温室展示です。たとえ真冬でもなかに入れば、そこは花と緑の空間です。

　温室展示にはさまざまなチョウがいますが、なかでも、日本の春を背負って立つチョウがアサギマダラです。アサギマダラは、春になると南から北へと大移動する、日本でただひとつの渡りをするチョウです。羽を開いても10センチほどの小さな体ながら、台湾から東北地方まで旅をした例もあるくらいで、日本各地に春を告げてくれます。名前にあるアサギ（浅葱）とは、ごく薄い藍色のことで、羽にある浅葱色のまだら模様が見つける目印となります。群れて飛んだり、温室につけられた蜜の皿などに集まっている姿もしばしば見られます。２匹がお尻を合わせるようにしていたら、それはかれらの交尾です。

　温室のなかとはいえ、チョウはそんなに長い命を持っているわけではありません。アサギマダラならせいぜい４〜５か月です。動物園ではバックヤードで常にチョウの卵をかえし、幼虫を育てては羽化させて温室に放します。温室での命の連なりは、まさに芽吹きの春の繰り返しです。

春

［アサギマダラ］チョウ目タテハチョウ科
［前翅長］55〜60mm　［体重］0.4g　［分布］関東地方より南

| アサギマダラ ひとことガイド | イラストで左下にいるのはタテハモドキです。大きな目玉模様が特徴ですが、幼虫時代の昼の長さでチョウになったときの姿が変わるので、季節により羽の裏にも小さな目玉模様がある夏型や、無地の秋型が見られます。

セーターを脱ぎ捨てて
一足お先に衣替え!

　飼育スタッフが操る電動バリカンの軽快な音。それにつれて、もこもことしたヒツジの毛が刈り取られ、かたまりとなって足元に落ちます。春ごとに各地の動物園で行われるヒツジの公開毛刈りです。

　ケモノと呼ばれるように哺乳類の特徴のひとつは体毛です。そして、多くの哺乳類は季節に合わせて夏毛と冬毛が生え変わります。これを換毛と呼びます。哺乳類の仲間とはいえ、私たち人間にはふさふさした毛はなく換毛もしないので、衣服に頼って衣替えをすることになります。

　しかし、ヒツジの場合は少し事情がちがいます。かれらは季節による換毛をせず、体毛はずっと伸び続けます。誰かに刈ってもらわないと、ヒツジたちは自分の毛で身動きさえ不自由になり、夏にはうだってしまうのです。このような性質は、ヒツジたちからより多くの毛を得ようとして、人間がヒツジの野生原種を家畜化し、品種改良を進めてきた結果です。イラストに描かれたニュージーランド産のコリデールという品種の場合、体重は70〜80キロ程度ですが、取れる毛は約7キロにもなります。

[ヒツジ] クジラ偶蹄目ウシ科
[体長] 120〜150cm　[体重] 70〜80kg　[分布] 家畜のためない

| ヒツジ ひとことガイド | ヒツジは前足のつけ根を押すと、自然に足を伸ばします。ちょうど「ハイ！」と手を挙げているようなポーズになるので、足のつけ根までむらなく毛を刈ってあげることができます。 |

アメリカビーバー

森の建築家が、
ダムのお手入れに大わらわ

　「森の建築家」とも呼ばれるビーバーは、巣づくりに大忙し。英語で「like a beaver」と言うと「勤勉」を意味するくらい、いそいそと巣の材料になる枝を運びます。かれらは外敵への警戒から昼間は休息し、もっぱら夜や朝夕の薄暗い時間帯に活動しますが、巣やダムをつくるときには、それらの時間をフル活用、1日12時間も働きます。

　飯田市立動物園のビーバーは、飼育展示場の陸の部分に木の枝を寄せ集めます。給餌解説の時間に、飼育員が枝をプールに浮かべると、ビーバーはせっせと回収しては、また陸に積み上げます。このような巣直し行動の繰り返しは、ビーバーにとって動物園での生活のよい刺激となっているようです。

　札幌市円山動物園では、園内に「ビーバー畑」と呼ばれる一角があり、そこにはビーバーの大好物の柳が植えられています。春の新鮮な柳の枝葉は、おいしい食事にも巣の材料にもなって、ビーバーも旬を楽しんでいます。

　ビーバーのペアは、一度結ばれるとずっと同じ相手と繁殖し、ダムや巣づくりも協力し合います。動物園でも、一緒に木の枝を運ぶ姿を見ることができるでしょう。

春

［アメリカビーバー］ネズミ目ビーバー科
［体長］60〜80cm　［体重］12〜25kg　［分布］北アメリカ

アメリカ ビーバー ひとことガイド	ビーバーの巣は、ほかの動物たちの隠れ家にもなっています。鳥はビーバーの巣の屋根にさらに巣をつくり、壁の隙間にはミンクなどの小動物が住み着くこともあります。さらに巣の下の水中は魚が集う場所になるのです。

インドクジャク

恋のアピール合戦
動物園に雄叫びを響かせる

　ブポー！　ベフォー！　調子はずれのトランペットのような甲高い鳴き声が響きます。インドクジャクのオスです。メスをめぐり派手な飾り羽を見せつけながら鳴いています。飾り羽はクジャクの恋の季節である春限定の装いです。

　クジャクの羽は私たちが見ても、ハッとするほど美しいものですが、鳥の視覚で考えると、まばゆいほどの美しさと言ってもいいかもしれません。鳥の目は、人間の目では見えない波長の光まで感じることができるからです。

　これまで、オスクジャクの人気度合いは、羽の美しさ次第と考えられてきました。しかし、インドクジャクを放し飼いにしている伊豆シャボテン動物公園で行われた、生物学者の長谷川眞理子さんらの調査で意外な結果が出ました。飾り羽でもっとも印象的なあの目玉模様の数と、メスたちの反応には確実なつながりがなかったのです。それよりモテの基準となっていたのが、鳴き声の大きさでした。声の大きさは、雄性ホルモンの量と関係していることもわかっています。私たちにはダミ声のように聞こえてしまうあの声に、春のメスクジャクはうっとりと耳を傾けるのです。

春

［インドクジャク］キジ目キジ科
［全長］86〜220cm　［体重］4kg　［分布］南アジア

インド
クジャク
ひとことガイド

オスの飾り羽は恋の季節（春〜初夏）が過ぎると抜けてしまいます。飾り羽は上尾筒と呼ばれる羽が発達したもので、尾羽を上から覆っています（下尾筒もあり、上下から尾羽をはさむかたちが筒に見立てられるようです）。

ベニイロフラミンゴ

授乳まで分担！
夫婦で子育て真っ盛り

　何かを育てることを「はぐくむ」と言いますが、一説には親鳥が卵やヒナを羽でくるむようす「羽＋くくむ（くるむの古語）」からできた言葉なのだそうです。この「はぐくむ」姿のフラミンゴを、春一番に産んだ卵がかえる４月ごろから６月ごろまで見ることができます。ヒナは生後ほんの数日で巣を離れて歩くようになり、ひと月で巣立ちます。

　フラミンゴ夫婦は絆が固く、夫婦が協力して子育てします。ヒナは、人間で言うと母乳のような「フラミンゴミルク」という栄養満点の液体でぐんぐん育ちます。フラミンゴミルクは消化管の一部からつくられるので、父母どちらも与えられるのです。たったひと月とはいえ、子育て熱心な親のなかには、チャームポイントのピンクの羽毛が白くなるのもいます。ピンク色はエサとなるプランクトンの色素のおかげなのですが、フラミンゴミルクにこの色素が大量に入ってしまうため、自分の色が抜けてしまうのです。

　フラミンゴは大群になりますが、それは危険への防衛のためで、ふだんの活動自体は夫婦ごとが基本。群れのなかでも、お隣さん同士の夫婦は、縄張りを主張して小競り合いすることもあり、ご近所トラブルも珍しくありません。

春

［ベニイロフラミンゴ］　フラミンゴ目フラミンゴ科
［体長］140cm　［体重］2.2～3.5kg　［分布］中央～南アメリカ

| ベニイロ |
| フラミンゴ |
| ひとことガイド |

動物園ではフラミンゴの繁殖行動をうながすために、飼育員が巣の泥山の下ごしらえをしたり、そこににせものの卵を置いたりします。それを見たフラミンゴは対抗心を燃やすのか、それを蹴り出して産卵するのです。

ミナミコアリクイ

しがみついたらはなさない
お母さんの背中が大好き

　南アメリカの森出身のミナミコアリクイは、日本にいると気候のいい春に子育てをするようになります。冬のあいだは、屋内に引っこんでくらしていますが、春の陽気に誘われるようにして、親子そろって外の展示スペースに出てきます。

　そんなとき、よく見られるのが、お母さんが幼い子どもを背負っている姿です。ぴったり抱きついているので、お互いの毛皮が溶けこんで、親子がひとかたまりになっているように見えます。もちろんこれは、可愛いからそうしているわけではなく、子どもの存在をカムフラージュし、肉食獣などの攻撃から守るためと考えられています。

　おとなのミナミコアリクイは、木の上が生活の場になるので、子どもも小さいなりにがっしりした爪を持ち、そのしがみつく力は相当なものです。

　ただし、初産のお母さんは慣れていないため、子どもがはずみで落ちるとあわてます。野生では生後ひと月ほどで子どもがアリを食べ始め、生後100日過ぎにはおんぶも授乳も卒業が近づきます。

春

[ミナミコアリクイ]　有毛目アリクイ科
[体長] 35～90cm　[体重] 1.5～8.5kg　[分布] 南アメリカ北部と東部

| ミナミコアリクイひとことガイド | アリクイ類は口が大きく開かず、歯も退化しているので、食事は舌でなめとるスタイルです。動物園で大量のアリを用意するのは難しいため、ヨーグルト、果物、馬肉などをミキサーにかけた流動食を食べています。 |

ジャイアントパンダ

栄養満点！ 春のごちそう
タケノコを心ゆくまで味わう

　ジャイアントパンダも旬のタケノコで春の味覚を楽しみます。タケノコは大好物です。まるかじりなんてすごいなと思う半面、ちょっと気持ちがわかる気もします。

　片手でわしづかみする姿は豪快で、実においしそう。でも、この姿、クマの仲間にしてはちょっと変なのです。私たち霊長類が、片手でものをつかめるのは、親指がほかの指と向き合うように進化してきたから。クマ類は5本の指がすべて同じ方向を向いているので、片手でものをつかむことができないはずです。

　実は、ジャイアントパンダの手には秘密があります。かれらは2000万年以上前に、ほかのクマ類と分かれて進化してきたと考えられていますが、それは竹やササを主食にするという大胆な選択の道でもありました。そのような特殊な進化のなかで、手のひらのつけ根の左右で、手首の骨がコブのようなかたちに変わっていきました。このため、手首を曲げると5本の指と骨のコブではさむようにして、ものが握れるのです。ジャイアントパンダは、いわば手首の骨を第六、第七の（親）指として使いこなしているというわけです。

［ジャイアントパンダ］ネコ目クマ科
［体長］1.2～1.5m　［体重］75～160kg　［分布］中国中西部

春

ジャイアント パンダ ひとことガイド	食肉類のなかでもクマ類は雑食の傾向が強いのですが、ジャイアントパンダは、さらにかむための筋肉を発達させ、竹の稈（筒状の部分）でも食べられるようになりました。この筋肉のせいでかれらは丸顔なのです。

動物が動物園に来るまで

　動物園の動物は、ほかの動物園からやって来ます。1980年ごろまでは野生個体を現地で捕獲して仕入れるというのがふつうでしたが、特に20世紀の終わりに向かって野生動物を保護しようという動きが高まり、いまは動物園同士が動物を交換するのが一般的になっています。こうして互いに助け合いながら、野生の個体に影響を与えないように努めています。

　最近では売り買いではなく、動物園同士で個体を貸し借りするブリーディングローンというかたちをとることも多くなっています。期間を決めて返したり、繁殖に成功したら子どもを返したりといった約束での移動です。この場合、移動の費用は借りる側が負担するのが一般的です。

　移動には時季や個体の年齢が大切になってきます。

　ひとつには動物園の年間スケジュールがあります。ゴールデンウィークに間に合わせたい、夏休みに展示を開始したいといった都合です。新しく来た動物は、しばらく園内の動物病院などで異常がないかを確認しながら園に慣らし、そのあと展示に移すので余裕を持った計画が必要です。たとえばキリンの場合、だいたい2～3週間は慣らし期間になっています。

　また、動物たち自身に関わる都合や配慮もあります。たとえば、寒い季節の移動は動物たちも体調を崩しがちなので避けたり、動物の体格や社会

性の特徴から移動する年齢を限ったりします。生まれたときでも頭の高さが180センチにもなるキリンなどは、輸送の便からあまり大きくならない2歳くらいで移動させることもあります。一方でチンパンジーなどは自分の群れで育ち、ほかの子どもと遊んだり弟妹の世話をしたりして、じゅうぶんに社会的な学習をしてから送り出すべきだと考えられています。さもないと新しい群れでの挨拶行動ができなかったり、メスなら出産しても育児放棄したりしてしまう可能性があるからです。

さらに繁殖を目指す場合には、移動先にいるお嫁さんやお婿さん候補との年齢のつり合いや血統も考えて計画が立てられます。そのための動物園間での情報共有も国際的に進んでいます。

運ぶといっても荷物ではないので、動物になるべくストレスをかけない工夫も欠かせません。移動には体の大きさに合わせた輸送箱が使われます。移動の予定が決まると、輸送箱のなかにエサを仕掛けて箱への出入りに慣らすといったことも行われます。移動するときも、ふだんからお世話をしていた飼育員や獣医師がつきそったり、キリンなら好物の枝葉を持たせたりするなど、子どもの門出を見送る親のようにこまやかに手をつくしています。

動物園が閉まったあと、
動物は何を
しているの？

　日が暮れて、ほとんどの展示場ががらんとなり、来園者もすべていなくなりました。しかし、動物たちのくらしは夜のあいだも続いています。
　多くの動物はバックヤードに帰ると、用意されたエサを食べ始めます。「収容（展示場からバックヤードへの移動）＝食事」という約束が、動物と飼育員のあいだにあるため、収容がスムーズにいくのです。飼育員は展示場よりも近くで観察できるひととき、動物たちに異常がないか、チェックして飼育日誌に記録します。明日の朝にはエサを食べ残したかどうかも大切なポイントとして記されることになります。
　動物によってはケージ越しや、時には飼育員が展示場やバックヤードに入って日常的な健康診断が行われます。獣医師が立ち会って採血などが行われることもあります。このような検診を受けるときも、おやつをもらえるので、動物たちは約束として受け入れています。「検診＝おやつ」という流れです。先ほど紹介した収容と食事の約束と同じです。
　閉園とともに帰宅するみなさんとしては、なんとなく動物たちに「おやすみなさい」と言いたいところでしょうね。実際、霊長類などは、私たち同様の眠りを迎えます。野生のゴリラは毎晩、枝葉を組み合わせてベッドをつくりますが、動物園では与えられた毛布や麻袋などをうまくまとめて

寝床にします。屋外でも水鳥の池では植えこみの陰などで、静かに一夜を過ごす鳥たちの姿があります。枝にとまったままで眠る鳥もいます。そうかと思えば、眠っているのか起きているのか、サギはひっそりとたたずみ続けています。

　しかし、動物たちには夜行性のものや、昼夜に関係なく断続的に活動と休息を繰り返すものもあり、かれらは夜のあいだもマイペースに過ごします。ビーバーも夜や朝夕を中心に活動しますが、かれらは日本の気候に適応でき収容されないのがふつうなので、夜の展示場で思う存分泳ぎ回っています。

　一方、同じような夜行性動物でも屋内にあるコーナーでは、昼の来園者に夜の動物たちの姿を伝えるために昼夜逆転で落とされていた照明が灯され、これから一晩、夜行性動物たちの休息が始まります。常夜灯がかれらを眠らせるといったところです。

　さらに夜のあいだも動物舎のなかを録画し、あとで分析して研究や動物たちへのケアを手厚くすることも試みられています。最近では、出産間近の動物の元へすぐにかけつけられるように、インターネットを活用してライブカメラをつなぎ、担当飼育員がようすを確認するといったことも可能となっているのです。

2章 夏のどうぶつえん

ハシビロコウ

ホースのシャワーで
ふるさとアフリカの雨季体験!

　せっかく屋内にいるのに、梅雨空にされてしまっているのは、動かないことでおなじみのハシビロコウ。じっとたたずむハシビロコウに細かな水滴が降り注いでいます。那須どうぶつ王国のウェットランドで、飼育員がかけるホースの水です。これは、故郷を思い出すだけでなく、恋のスイッチを入れる大事な水。

　ハシビロコウは水辺で魚を待ち伏せし、狙いすまして大きなくちばしでつかまえます。雨季にはかれらの大好物のハイギョが、土に潜る休眠から目覚めて活動するため、特に豊富に栄養がとれるのです。これによってハシビロコウは恋の季節を迎えます。

　実際、那須どうぶつ王国では、雨季の再現を始めてから、特にオスの行動が活発になっています。野生のハシビロコウはそれぞれが単独でくらし、エサ場でもある活動域を守りますが、ウェットランドのオスの「アサラト」は、しばしばメスの「カシシ」のすぐそばに飛んでいくようになっています。カシシも警戒するようすを見せながらも激しい攻撃はせず、アサラトの存在に興味を持っているようです。ふるさとの雨季の再現が繁殖につながるか注目です。

夏

[ハシビロコウ]　ペリカン目ハシビロコウ科
[体長] 150cm　[体重] 5〜6kg　[分布] 中央アフリカ

| ハシビロコウ
ひとことガイド | ハシビロコウは相手を値踏みします。かれらは親愛のしるしに首を小さく振りながらおじぎをしますが、それは飼育担当者など、かれらが認めた相手だけにする行動です。 |

レッサーパンダ

リンゴの短冊で七夕に何を願う？

　ササの葉さらさら。ササが主食のレッサーパンダにお似合いの行事、七夕です。七夕には、願いを書いた短冊が欠かせませんが、動物園のレッサーパンダの短冊は薄く切ったリンゴです。星のかたちの飾りもリンゴでできています。葉っぱそのものは「ごはん（主食）」なので、七夕飾り全体が、デザートつきのスペシャルメニューになります。

　レッサーパンダが七夕飾りを楽しめるのは、好物だからというだけではありません。すっと2本足で立って、しかも片手でものをつかめるので、4本足では手の届かない場所にある七夕飾りを器用に取ることができるのです。

　2本足立ちはレッサーパンダの習性です。多くの肉食獣の足は、私たちでいう爪先立ちです。指に力を集中して地面を蹴り、ハンティングのために走ります。しかし、レッサーパンダは私たちと同じように、足の裏全体を地面につけて立ちます。このため、難なく立ち上がれるのです。

　片手でものがつかめる仕組みは、ジャイアントパンダと同じ（→ P.30）。ただし、むこうはクマ科、こちらはレッサーパンダ科と、種が近いわけではありません。片手づかみは、「ササや竹を食べる仲間」としての共通点なのです。

[レッサーパンダ] ネコ目レッサーパンダ科
[体長] 50 〜 65cm　[体重] 3 〜 6kg　[分布] ヒマラヤから中国南部

夏

| レッサーパンダ ひとことガイド | レッサーパンダの体はとても柔軟で、立ったままのけ反ったり、大きく体をひねったりできます。得意の木登りでも、太い尾でバランスを取りながら木の上を自在に動き、鳥の巣を襲って小鳥や卵を食べることもあります。 |

ホッキョクグマ

暑中見舞いは
雪山やエサ入りの氷

　夏の日差しがまぶしいなか、動物園のホッキョクグマ展示場に突然現れた雪の山。ホッキョクグマは、お手のものというようすで、大きな前足を使い雪をかき分けます。お目当ては、なかに入っている好物のリンゴ。暑さが苦手なホッキョクグマへ暑中見舞いの差し入れです。

　これは、ただ冷たいプレゼントで喜ばせようというだけではなく、かれらの能力にも合わせたもの。ホッキョクグマは凍てついた冬の北極で氷原を歩き回り、氷の割れ目から息継ぎに顔を出すアザラシをとらえます。このとき力強い前足を器用に使うのです。雪山からリンゴを探し出すのは、この器用さを生かしたかたちです。

　夏の動物園では、ほかにもホッキョクグマのために暑さしのぎと、退屈しのぎのための工夫があります。特に果物や魚入りの氷は、少しずつ溶かしながら、なかのエサを食べる楽しみと、氷ごと抱えてプールで泳ぐ楽しみと、ダブルで楽しめるプレゼントです。これもまた、ひんやり涼しいだけでなく、北極圏に適応するために泳ぎの能力を進化させてきたことに通じているのです。

［ホッキョクグマ］ネコ目クマ科
［体長］2〜3m　［体重］175〜800kg　［分布］北極圏

| ホッキョクグマ |
| ひとことガイド |

ホッキョクグマの毛は、実は透明でなかは空洞です。これが集まると白く見えるのです。毛のなかの空洞にたまった空気が保温のはたらきをします。さらに地肌は黒く、毛を透かして届く太陽の熱をムダなく吸収します。

フェネック

砂の上で日光浴が
夏の醍醐味

　ビーチでの日光浴よろしく、フェネックが砂の上でじっとしています。とはいえ、日焼けがしたいわけではなく、リボンをつけているような、チャームポイントの大きな耳で体温調節をしているのです。フェネックは体長30センチほどですが、耳の長さは15センチにもなります。

　「キツネの赤ちゃん」のように見える小柄なフェネックは、実際キツネの仲間ではあるものの、日本の野山に住むキツネとはまったく別の種です。

　フェネックの出身地は遠くアフリカ北部の砂漠地帯なので、動物園でも砂地にくらしているのです。耳や尾などの体から突き出しているパーツは、そこから体温を発散させやすくなるので、耳をより大きくして、効率よく熱を放出することで、アフリカの砂漠の暑い気候に適応しているのだと考えられています。

　フェネックの体には、ほかにも砂漠仕様の場所があります。足の裏です。フェネックの足の裏にはびっしりと毛が生えています。熱い砂の上で活動するときも、こうして足の裏を守っているのですが、そのままおしろいをはたくブラシにしたくなるような愛らしさです。

［フェネック］ネコ目イヌ科
［体長］25〜40cm　［体重］0.8〜1.5kg　［分布］アフリカ北部

| フェネック ひとことガイド |

フェネックの大きな耳は、狩りにも役立ちます。昆虫や小型の哺乳類などの獲物が、たとえ地中にいたとしても、かれらが立てるわずかな音を聞き逃さないのです。

シロイワヤギ

完全冷房ルームで
快適な日々

　岩の急斜面に真っ白なヤギ。太い首に鋭い角と精悍な風貌ですが、暑さにはめっぽう弱く、7月ともなればがまんの限界。なぜなら出身地のロッキー山脈は、真夏でも気温は20℃ほどで、冬はマイナス30℃近くなるのです。この厳しい環境に適応したふかふかの毛皮は、アメリカ先住民族が毛布をつくる材料にするほど。そのため夏になると、シロイワヤギは冷房完備の部屋に入り、見ているこちらは汗だくでも、かれらは快適な夏を過ごしています。

　ここは、横浜市立金沢動物園。メスの「ペンケ」は日本でただ1頭のシロイワヤギです。恵まれた設備やきめこまやかな飼育もあって、金沢動物園では過去、園内繁殖を含めて計36頭のシロイワヤギが飼育されてきました。2001年5月生まれのペンケも同園生まれです。

　シロイワヤギの寿命は10年程度と言われ、すっかりおばあちゃんとなったペンケ。最近は6月の初めでもすでに暑いようで、早々と冷房室に入ります。眠っていることが多いのですが、飼育員の心づくしで吊るされた枝葉をゆったりと食べている姿に出会えると、夏の暑さを忘れていつまでも見守っていたくなるような気持ちになるのです。

夏

［シロイワヤギ］クジラ偶蹄目ウシ科
［体長］1.2～1.6m　［体重］45～140kg　［分布］ロッキー山脈

| シロイワヤギ ひとことガイド | シロイワヤギの足には、先がふたつに分かれたひづめがついています。ひづめは閉じ開き可能で、わずかなでっぱりでもつかむことができるため、かれらは急斜面の岩山を自由に行き来することができるのです。 |

フンボルトペンギン

そうじの途中で待ちきれず
プールに向かって歩きだす

　ペンギンプールのそうじの時間です。まだ陸の部分の床を飼育員がデッキブラシでこすっていますが、フンボルトペンギンたちは、そうじの終わりを待ちきれずに、身長70センチに満たない体で、よちよちプールに向かって歩いてきます。そうじのために一度、水を抜かれてしまったプールの水位は、かれらの足がようやくひたるくらいしかありませんが、みんな我先に腹ばいになります。

　ペンギンプールのそうじは一般に週1回ですが、夏は多くの園で週2回となります。夏は水温が上がり藻などが湧きやすく、ペンギンの健康を守り、さわやかな展示を保つためには、そうじを増やす必要があるのです。フンボルトペンギンは、暑さには適応していますが、汚れた水では元気にくらせません。夏以外は休園日にプールそうじをするので、そうじ中のペンギンが見られるのは夏ならではです。

　水がたまるにつれ、ペンギンたちは、まるで水のなかを飛ぶように、目覚ましいスピードで泳ぐようになります。プールが元の水位になるには何時間もかかるので、プールそうじに出くわしたら、園内を回りながら、水のたまり具合に合わせて何度か立ち寄って見るのがおすすめです。

[フンボルトペンギン]　ペンギン目ペンギン科
[全長] 68cm　[体重] 4.5～5kg　[分布] 南アメリカの海岸

夏

フンボルト
ペンギン
ひとことガイド

短足のよちよち歩きが可愛いペンギンですが、骨格自体は、ほかの鳥とさほど変わりません。ただし、膝が常に空気椅子をしているような感じで曲がった状態で、体のなかに隠れているため、独特の歩き方に見えるのです。

アジアゾウ

鼻でスイッチオン
真夏のシャワータイム

　照りつける夏の日差しにアジアゾウの運動場もすっかり乾ききっています。そんななか、パラソル状の日よけの下に入ったゾウは、木の幹に似せた柱に鼻を伸ばします。赤いスイッチを押すと、さわやかなシャワーが降り注ぎ始めました。ゾウはわずかに頭を下げて、首筋を冷やしているようです。あるいは鼻先で水を受け、それを口に運びごくごく飲みます。ここは神戸市立王子動物園。暑さ対策でつけられたシャワーは、ゾウが自分で操作します。

　しかし、シャワーをつくった当初、賢くて用心深いゾウがスイッチを押そうとしなかったため、なんとか自然に操作を覚えてほしいと、いろいろな工夫が行われました。

　スイッチに好物をつければさわってくれるのではないか？　飼育員のそんなひらめきが功を奏しました。ゾウたちは甘いものが大好き。ゾウの心をとらえたのは、なんとアンコでした。アジアゾウたちも日本でくらすうちに和食好きになったのかもしれませんね。アンコにひかれてシャワーのスイッチを押したゾウたちは、じきにその仕組みを理解していきました。いまや王子動物園のゾウたちに夏のシャワーは欠かせないアイテムとなっています。

夏

[アジアゾウ]　ゾウ目ゾウ科
[体長] 5〜6.4m　[体重] 2〜5.4t　[分布] 南アジア〜東南アジア、中国南部

アジアゾウ
ひとことガイド

人で言えば手の代わりになるゾウの鼻はとても器用。スイッチどころか大豆だってひとつずつ摘めます。そして、ざぶんと水につかるときは、ひょいと持ち上げてシュノーケル代わりにもなります。

トラ

火照った体は、
水風呂で冷やして極楽

　ネコ好きには常識かもしれませんが、ネコの仲間はあまり水が好きではありません。前足で水をいたずらしたり、金魚をつかまえようとしたりということはあっても、全身を水につけるといった場面にはほとんど出会えません。

　しかし、トラは水が大好き。真夏に、体を冷やすように水につかるのは、トラのお楽しみのひとつです。薄く目を閉じてのんびりしている姿は、涼んでいるようでもあり、なんとなく温泉に入っているようにも見えます。水風呂たまらないね〜、という心の声が聞こえてきそうです。

　トラは、泳ぐことも得意で、たくましいおとなのトラが大きな体のほとんどを沈め、頭だけを出して泳いでくる姿は、まるで戦艦のような迫力です。これらは森での生活と結びついた習性なのでしょう。

　トラの子どもたちも、きゃっきゃと水に飛びこんでいきます。小学生がプールで水泳を習うのと同じように、トラの子どもたちも、母親のもとできょうだいと過ごす2年ほどの期間で、泳ぎを勉強し、体をつくり、狩りなどにも生かせる素早さを身につけていきます。

[トラ] ネコ目ネコ科
[体長] 1.5〜3m　[体重] 80〜310kg　[分布] アジア

トラ
ひとことガイド

トラのプールやモート(濠)には、しばしばボール型の漁業用ブイが浮かべられています。トラは前足ではたきブイを沈めようとしますが、何度やってもブイは浮かんできます。遊びながら狩りのしぐさが身につく工夫です。

ニシゴリラ

採れたて夏野菜で
お腹も満足、くらしも充実

　握ったこぶしを地面につきながら、緑豊かな運動場を散歩するゴリラ。そのうち、ふと立ち止まり、ぷちんと何かを摘んで食べました。赤く熟したミニトマトです。おいしかったとみえて、次々と収穫しては口に運びます。

　浜松市動物園ではゴリラの運動場の一部を畑にしています。いままでに植えられたのはミニトマトのほかに、トウモロコシ、ナス、大根など。トウモロコシは花が咲いたころ、ナスは花が咲き終わって小さな実がなるころなど、ゴリラなりの旬があるようです。どれも夏がシーズンなので、ゴリラもよりどりみどり、楽しいひとときです。

　ゴリラは元々、巣を持たず、毎日、食べものを探しながら移動を繰り返します。動物園では決められた時間に、まとめてエサが与えられるのがふつうですが、これはゴリラ本来の生活パターンではなく、食べ終わってしまえばただ退屈なだけの時間になってしまいます。そこで運動場に畑をつくることで、自分で食べものを探すこと、自分のリズムで食べること、そして、することがない時間を減らすことが試みられたのでした。結果は良好です。

[ニシゴリラ] サル目ヒト科
[体長] 1.5〜1.8m　[体重] 70〜140kg　[分布] アフリカ西部

ニシゴリラ
ひとことガイド

動物園では地上にいるイメージが強いゴリラですが、実は木登りが大好きです。巨体ながら、足でものをつかめるので、意外なほど軽々と登ってしまいます。正確な測定例はありませんが、握力が知りたいところです。

カリガネ

眠らない街が出現!?
真夏の夜は恋に大忙し

　夜、閉ざされた園内に並び立つ鳥類舎はひっそりとして、鳥たちは静かに眠っています。そんななか、なぜかスポットライトが灯された建物。そこにはピンクのくちばしと額のあたりを白い羽毛で飾った鳥が集っています。そんな姿で夜遊びしているのは、ガンやカモの仲間のカリガネです。

　カリガネは北極を取り囲むユーラシア大陸に広く住まう鳥なので、カリガネにとっての夏は、夜になっても太陽が沈まない白夜です（冬にはヨーロッパ、アジアの南部に飛来し、春とともにまた北極圏近くへと帰る渡り鳥です。日本でも東北地方などで越冬することが知られています）。カリガネは、この白夜に向かって伸びていく昼間の長さに反応して、恋の気分が高まっていきます。井の頭自然文化園では、そんなカリガネのために人工的な白夜をつくることにしました。夜の鳥類舎に灯されたライトは、そのための装置だったのです。こうしてカリガネはかれらなりの季節のリズムを取り戻し、交尾と産卵に至りました。

　私たちには、夜遊びに見えてしまいますが、日本でもシベリア風ライフスタイルを貫いているだけなのですね。

夏

［カリガネ］カモ目カモ科
［全長］58cm　［体重］1.5〜2kg　［分布］ユーラシアの北極圏

カリガネ
ひとことガイド

伝統的な家紋のひとつに翼を広げたカリガネをかたどった雁金紋があります。織田信長配下の武将、柴田勝家などの家紋として知られますが、カリガネは群れて飛ぶ（一族で行動を共にする）ことから武家に好まれました。

「歯と口の健康週間」に
大きな口をあけて歯みがき

　6月4〜10日は「歯と口の健康週間」。動物園では、動物が歯みがきしてもらう姿に出会えます。うがい薬のキャラクターで有名なカバも、これから歯みがきです。

　カバのプール前。野菜の入ったバケツと大きな洗車ブラシを携えて飼育員がやってきます。カバが近寄り口を開くと、まずは歯ぐきのマッサージ。飼育員はカバの鼻先をぽんぽんと叩き、くちびるのすきまに手を入れて歯茎を手のひらでこすります。そして、ブラッシング。長い牙（犬歯）を中心にみがいてもらい、仕上げにバケツに入っていたニンジンを口の奥に投げ入れてもらいます。飼育員はまたカバの顔をぽんぽんと叩いて立ち上がり、歯みがき終了。

　カバには歯みがきの意味がわからないので、一連の流れはカバと飼育員のあいだでつくられた約束事から成り立っています。ぽんぽんと叩かれる（ホイッスルが使われることもあります）のは、始まりや終わりの合図。野菜はごほうび。それも含めた全体が約束事です。カバと飼育員にとって一番大切なのは、健康のために口のなかを点検することなのです。

［カバ］クジラ偶蹄目カバ科
［体長］3〜5m　［体重］1〜4.5t　［分布］アフリカの水辺

カバ
ひとことガイド

カバの長い犬歯は食事には使われません。おとなのオスが互いにおどかしたり、けんかをしたりするための、いわば武器。野生のカバは主に草を食べますが、食べた草は口の奥に並んだ臼歯ですりつぶします。

アカカンガルー

前足をペロペロなめて猛暑を乗り切る

　照りつける真夏の日差し、ああ暑い。私たちならウチワでも使いたいところですが、細く小さな前足のアカンガルーではそうはいきません。しかし、そんなとき、実はこの前足こそが暑さをしのぐのに役に立っているのです。

　暑さの盛り、カンガルーたちは、よく自分の前足をペロペロとなめています。ひとしきりなめて放置すると、ぬれた毛はすぐに乾いていきますが、水分が蒸発するときにカンガルーの体を冷やしてくれるのです。私たちが汗をかいて体温調節するのと同じ原理です。皮ふの下には毛細血管が発達しているので、冷やされた血液は全身に運ばれていきます。

　アカカンガルーも汗をかくことはできるのですが、暑さでは汗が出ません。運動したときにしか汗をかかないのです。かれらの地元オーストラリアでは、暑さだけでなく乾燥にも耐えなければならないからです。乾燥がひどくなると食べ物の草なども減り、栄養不足が深刻になります。このときに汗をかいてしまうと、水分ばかりでなく、貴重なタンパク質などの栄養分も流れ出てしまい、生きていけなくなってしまうのです。

［アカカンガルー］カンガルー目カンガルー科
［体長］75〜140cm　［体重］17〜85kg　［分布］オーストラリア

夏

アカカンガルー
ひとことガイド

アカカンガルーが涼むために出す唾液は、食べ物を消化するときに出るものよりもタンパク質などの栄養分が少なくなっています。これも乾燥した場所でくらすのに適応した特徴のひとつです。

シロサイ

土砂降りの雨のなか
迫力満点な泥浴び

　せっかく動物園に遊びに来たのに、あれよあれよという間に空が暗くなり、遠くが見えなくなるほどの激しい雨が……。私たちだけでなく、多くの動物たちも軒下に逃げこんで雨宿りをしています。みんなの困り顔をよそに、ひとりテンションを上げている動物がいます。シロサイです。

　サイは土砂降りの雨が大好き。湿地帯でくらし、時にはほぼ全身を水に沈めて過ごすインドサイだけでなく、どのサイにもそういう傾向が見られます。シロサイはふだんののんびりした態度を忘れたように重量級の体でどすどすと歩き回り、さらにはごろんと転がり、泥浴びを始めます。

　ゾウやサイなど、体が大きく熱をためやすい動物は熱帯では体毛がほとんどなくなることがあります。しかし、毛がないということは、皮ふが直接、日光などの刺激にさらされるということ。同じく体毛が薄い人間が、日焼け止めや日焼け後のスキンケアをするように、シロサイは砂や泥を浴びます。いわば美容パックですが、泥や水にぬれれば、体を冷やすこともできます。通り雨のあとに晴れれば、蒸発により効果はさらに増します。サイの雨好きの裏側には、暑い夏を涼しく過ごす知恵が隠されているのです。

夏

［シロサイ］ウマ目サイ科
［体長］3.3 〜 4.2m　［体重］1.4 〜 3.6t　［分布］アフリカ南部
※シロサイには、ミナミシロサイとキタシロサイの2種がいます。しかし、キタシロサイはチェコの動物園からアフリカ東部に移された個体2頭のみという状況のため、［分布］はミナミシロサイについての表記です。

| シロサイ |
| ひとことガイド |

シロサイの口は幅が広い四角いかたちです。これは地面に生えた草をそうじ機のように食べるのに向いています。一方、木の枝に生えた葉を好むクロサイの口は、葉をちぎるのに向いた三角形のとがったかたちです。

サバンナシマウマ

群れでくらす仲間の絆を示す毛づくろい

　シマウマ同士がお互いの口でゆったりと毛づくろいをしています。1頭のオスと複数のメスで群れをつくるかれらにとって、仲間の絆は生きていく基本です。自分だけではできないところまで毛づくろいしてもらうことで、虫や汚れのない清潔で健康な体を保つことができます。

　シマウマの毛づくろいは、ただ体毛をなめているだけではありません。よく見るとむしろくちびるを細かく動かしているのがわかります。

　ウマの仲間にとって口は、私たちヒトの手の代わりと言ってよい役割を果たしています。毛づくろいだけでなく、草を食むときも、くちびるが柔らかな動きを見せます。まるで私たちが指でつかむように、くちびるで草を集めて、それをがんじょうな前歯でくわえ、ぶちりとかみ切ります。かれらは前歯と奥歯のあいだが大きく離れています。歯の本数が少ないのではなく、あごが前後に長く伸びているのです。かみちぎった草を口の奥へと送りこみ、文字通り臼のような奥歯ですりつぶして飲みこみます。ウマの仲間の食事は、くちびる、前歯、奥歯が役目を分担することで成り立っています。

[サバンナシマウマ]　ウマ目ウマ科
[体長] 2.1～2.5m　[体重] 175～385kg　[分布] アフリカ東部と南部

| サバンナシマウマ ひとことガイド | イラストでもわかるように、シマウマが群れると互いの縞が重なり合い、体と体の境目があいまいになります。シマウマを狩ろうとする肉食獣からすれば「この個体を獲物に」という狙いが定めにくくなるのです。 |

コツメカワウソ

パイプの水路を
流れ、流され、大はしゃぎ

　半分に割った太い塩ビのパイプに水が流れます。まるで小川のようです。それを見たコツメカワウソたちは大はしゃぎ。先を争って水路に入ると、するすると流れるように泳ぎ、プールに飛びこみます。そしてまた陸へとかけ上がり、自ら「流しカワウソ」に再挑戦です。

　市川市動植物園では、手近な材料でスタッフが手づくりした、こんなユニークな展示が人気を集めています。これはしこまれた芸ではありません。しかけを使うかどうかもカワウソの気分次第。しかし、カワウソたちがお気に召したようすなのは御覧の通りです。

　コツメカワウソは、東南アジアの川でくらしています。一度に6頭ほどの赤ちゃんを生むこともあり、両親と子どもたちで、しばしば10頭以上の家族となります。それぞれの個体が、10種類近い声で鳴き分けてコミュニケーションをとることが知られ、家族で鳴き交わしながら活発に動く姿が印象的です。

　かれらは自分たちがくらす川の流域を行き来し、時には細い水路にまで入りこみます。「流しカワウソ」のパイプは、その水路に似ているため、好んで利用するのです。

夏

［コツメカワウソ］ネコ目イタチ科
［体長］40～65cm　［体重］3～6kg　［分布］インド、中国南部、東南アジア

| コツメカワウソ ひとことガイド | コツメカワウソは手先が器用。水中でエサとなる魚などを狩るときも、柔らかい肉球の手先を生かし、はさみこむようにして器用に捕まえます。動物園でも手を使って小石などで遊んでいる姿を見かけます。 |

雨の動物園

　動物園に行くつもりだった日曜日、朝起きて雨が降っていると行く気がなくなってしまいますよね。動物園はやめて、お出かけの計画を立て直す？でも、雨の日こそ動物園をじっくりと楽しむチャンスなんです。
　雨の日の利点のひとつには、動物たちがこちらに興味を示してくれるということがあります。大勢のお客さんに接していると動物たちもあきてきます。しかし、特に霊長類など、根本的なところで人間に好奇心を持っている動物も少なくありません。来園者が少ない雨の日は、かれらから個人的なまなざしを向けてもらえることがあります。運動場の奥の動物舎の軒下などで雨宿りしている動物たちも、よく見るとこちらをじっと見ています。カピバラなどは温熱灯の下に身を寄せ合っていて、自然に「温もり」ということばが思い浮かびます。
　さらに雨が苦手な動物は運動場から屋内展示に切り替わるのですが、屋内展示ではガラス窓のすぐ向こうに動物がいることも少なくありません。特に、ライオンなどの猛獣をガラス１枚の距離で見ることができるチャンスも増すことでしょう。じっと見つめ合ったり、ガラスの向こう側とこち

　ら側で一緒に右へ左へ動いてみたりもできるでしょう。
　野生に近い姿を見るなら晴れた日の屋外かもしれませんが、雨の日ならではのかたちで、動物たちとの親密さを感じることもできるでしょう。
　さらに水を好む動物たちは、むしろ雨の日にこそ活発になります。本文で取り上げたサイもそうですが、クマのように水浴びを好むもの、さらにアシカの仲間やペンギンなど水中を得意とする動物たちは、多少降り方が激しいほうがプールに入りたがるようです。ひとときの雷雨のなかで盛んに水面から跳ね上がるオットセイを見たことがありますが、動物園にいることを忘れるくらいの非日常的な眺めでした。
　さらに、両生類や爬虫類、夜行性動物を集めた屋内展示、そして鳥やチョウなどのための温室展示は、ユニークな全天候型施設で、雨宿りしながら熱帯の植栽や夜の闇、そこでくらす動物たちの世界に、体ごと入りこんでいけるのです。

動物たちは何を
食べているの？

　動物園の動物たちは、ことさら特別なものを食べているわけではありません。霊長類向けのペレット(固形配合飼料)など、動物園を意識した製品もありますが、青草や乾草は家畜のための牧草、果物も肉も八百屋さんやお肉屋さんから仕入れるのが一般的です。そんななかで、飼育員は季節感を意識したり、与え方を工夫したりして動物たちの健康を守るとともに、少しでも野生の食性に近いかたちをとろうと試みています。各地の動物園で見かける「どんぐりポスト」は来園者の協力でドングリを集め、それを好むクマやイノシシ、さらにイノシシの家畜化であるブタといった動物たちに旬の味を楽しんでもらおうというものです。

　生鮮食品は飼料庫の大きな冷蔵庫に保存され、必要に応じて調理場で切ったりゆでたりされては、それぞれの動物のもとに運ばれるのがふつうです。冷蔵庫と言っても、ほとんど倉庫のような規模で、たとえば数頭のライオンを飼育している場合、ライオン舎専用でも3メートル四方の、なかに人間が立ち入れるような冷蔵庫が必要となります(おとなのオスライオンは1週間に30〜40キロの肉を食べます)。しかし、果物をあえて切らずに籠にまとめて動物舎に行き、その場で切って与えることをポリシーとしている飼育員もいます。果物や野菜は切られたところから酸化し

ていくので、より新鮮な状態で食べてもらうためです。たとえば、市川市動植物園のオランウータンの担当者もそのひとり。わずかな時間差でも、毎日の繰り返し、大型の類人猿なら寿命まで40～50年の積み重ねになることを考え、そこまで心を配ることが「守りの仕事」としての飼育なのではないか……。そんな想いがこめられています。

　同じく大型類人猿のゴリラ。京都市動物園では、吐き戻し行動の目立つ個体に、それを防ぐ取り組みが行われています。食べた蒸し芋やリンゴを吐き戻しては食べるという問題行動です。退屈しのぎなのでしょうか。この行動への対策として、野生ではゴリラが草をたくさん食べているということをヒントに、与えるエサの青草の比率を増やしてみました。草は吐き戻しにくく、問題行動は収まっていきました。ほかにも季節に応じて青草のほかに葛の葉などを与えてメニューの幅を広げたり、短く切った消防ホースのなかにペレットを入れて、時間をかけて取り出させるなど、退屈防止も含めての取り組みが続けられています。

　京都市動物園では、ジャガーなどに与える肉のかたまりにも青草をまぶしています。これは獲物の毛の代わりです。毛をむしりながら肉を食べるという野生に近い行動を引き出し、動物たち自身にとっての生活の豊かさと来園者への展示効果を増やしています。

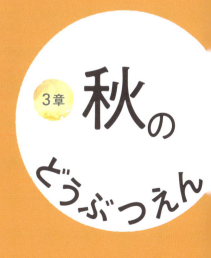

3章 秋のどうぶつえん

ニホンザル

恋の季節を迎え
顔とお尻が赤く色づく

　ニホンザルは秋の始まりとともに恋の季節を迎えます。この時期、元々赤い顔やお尻がさらに赤らんで真っ赤になります。かれらの顔やお尻が赤いのは、薄い皮ふを通して血の色が透けて見えるからですが、子どものころはピンク色で、おとなになるにつれて色が濃くなっていきます。この変化にはホルモンの働きが関わっていて、秋にはとりわけ赤く色づきます。つまり、ニホンザルは顔やお尻の色で子どもをつくる準備ができていることを伝え合うのです。

　ほとんどの哺乳類の目は、色を見分ける細胞が2種類しかなく、私たちヒトより色を見分けるのが苦手です。しかし、アジアとアフリカのサルの仲間は、ヒトと同様に色を見分ける細胞が3種類あり、より細かな色覚を持ちます。ニホンザルの恋に色が影響しているのも、色を見分ける能力が優れているからです。

　恋したオスは、尾や胸を反り返らせたり肩を怒らせたり、時には低い姿勢で唇をぱくぱくさせます。これらはすべて恋のかけひきの一部です。メスにアプローチして気に入られようとしているのです。秋はふだんほとんど交流がないオスとメスが、互いに接近するようすが見られる季節です。

[ニホンザル]　サル目オナガザル科
[体長] 47～61cm　[体重] 7～15kg　[分布] 本州、四国、九州

ニホンザル
ひとことガイド

野生のニホンザルには群れを率いるボスザルはいません。もっとのびのび自由に過ごしています。限られた食べ物を争う、えづけされた環境に置かれたときに、ボスのようなふるまいが見られるということのようです。

ニホンリス

冬の訪れを前に木の実をためこむ

　ニホンリスたちは冬支度の真っ最中で大忙し。夏には短かった毛がふわふわの冬毛となり、耳の先にも筆の穂先のような房毛(ふさげ)が生えて、冬の装いは整いましたが、食料がまだまだ心配です。ニホンリスがくわえているのは大好物のクルミの実。野生の森のなかならば、そのまま走り、木に登り、斜面を進んでいきます。そして落ち葉をかき分け、そこにクルミを置くと、また落ち葉をかけて隠します。

　ある調査によると、ニホンリスは手に入れたクルミの実の4割ほどをすぐに食べてしまうそうです。残りは落ち葉に埋めたり、木の枝のつけ根にはさんだりします。ニホンリスは冬眠しません。そのため、冬のあいだの食料をあちこちに隠しておくと考えられています。

　なかなか計画性があるなと思いますが、実際に冬に食べるのは、隠したクルミの、さらに4割程度。残りのクルミのうち、一部は野ネズミなどが盗み食いし、それ以外はそのまま放置されます。これらのクルミのなかから、やがて芽吹き、ニホンリス自身を養う次の世代の森の木になっていくものが出るのです。

秋

[ニホンリス] ネズミ目リス科
[体長] 18～22cm　[体重] 210～310g　[分布] 本州、四国、淡路島、九州（絶滅の可能性あり）

| ニホンリス |
| ひとことガイド |

ニホンリスはクルミを見つけると、その木よりもさらに山側の斜面に移動して貯食する傾向を持つことが知られています。こうして動けないクルミの木は分布を広げることができるのです。

トウホクノウサギ

茶色いボディに映える白いウサ耳カチューシャ

　秋も深まる10月なかばに動物園を訪れると、ふしぎなウサギに出会えます。まるでウサ耳のカチューシャをつけたかのように耳だけが白いウサギや、白いタイツをはいたかのように足だけ白いウサギです。この子の正体は、換毛中のトウホクノウサギです。

　トウホクノウサギは、本州の東北地方や日本海側に住むニホンノウサギのグループの名称です。他の地域のニホンノウサギは1年中赤茶色の毛をしていますが、トウホクノウサギは冬に向けて白い毛に生え替わります。いち早く替わるのは耳と足、それから体、最終的には全身が真っ白になります。研究によると、この変化の引き金は気温や昼の長さであることがわかっています。日が短く寒く雪深い、まさにかれらの置かれた環境に適応しているのです。

　このような適応は換毛だけではありません。本州の太平洋側や四国・九州に住む、冬に換毛しないニホンノウサギのグループはキュウシュウノウサギと呼ばれますが、トウホクノウサギたちの後ろ足のほうがキュウシュウノウサギより長くなる傾向があります。これもまた、雪に足がめりこむのを防ぐ適応ではないかと考えられています。

[トウホクノウサギ]　ウサギ目ウサギ科
[体長] 45cm　[体重] 2.4kg　[分布] 日本（本州の東北地方や日本海側）

秋

| トウホクノウサギ |
| ひとことガイド |

カイウサギにも白色品種がいますが、かれらは遺伝的に色素をつくれないので、目が赤くなります。しかし、トウホクノウサギは、目が黒く耳の先に黒い毛が残っていることなどで、カイウサギとはっきり区別できます。

アカカンガルー

ぬれるの大嫌い！
雨の日はみんなで雨宿り

　秋の長雨。アカカンガルーは、みんなで屋根の下に集まってつまらなそうにしています。晴れていれば、自由に跳ね回り、気ままにだらりと寝そべって大好きな昼寝ができるのですが、こんな雨の日はみんなで、限られた場所に寄り集まり、じっとがまんしているしかありません。それでもバックヤードよりは外にいたいようなのですが、憂鬱な気分になるのもうなずけます。アカカンガルーは、水が苦手なわけではないのですが、望まず体をぬらされるのが嫌いなようなのです。

　実際、川のなかに入る野生のアカカンガルーも目撃されていて、これは体を冷やしたり敵から逃れたりするためではないかと考えられています。一方で、暑い夏の日に、アカカンガルーの運動場に水まきをしてやると、屋根の下や水の届かない場所に避難します（水まきが終わって、残った水たまりに集まって水を飲むのは楽しみ）。動物たちも人間と一緒で、自分から必要として水に入るのと、不用意にぬらされるのはちがうのでしょう。たとえば、泳ぎが得意なカピバラでも雨宿りはします。

秋

［アカカンガルー］　カンガルー目カンガルー科
［体長］75～140cm　［体重］17～85kg　［分布］オーストラリア

| アカカンガルー ひとことガイド | 雨を嫌がるわりに、カンガルーの仲間は、雪はそれほど苦手ではないようです。かれらが雪のなかでも平気で飛び跳ねるようすは、あちこちの動物園で見ることができます。 |

ニホンツキノワグマ

食欲の秋×冬眠準備で
食いこみが止まらない

　イモやカボチャ、そして果物。動物園のニホンツキノワグマが秋の味覚に舌つづみを打っています。前足で器用にエサを寄せ集めては、ばくばくとお腹に収めていきます。この時期、ニホンツキノワグマは集中してエサを食いこむことで、一気に脂肪を蓄えます。森林総合研究所の大井徹さんの試算によると、体重60キロのニホンツキノワグマ（メス個体に相当します）、が、秋の3か月で1日に約5500キロカロリーを摂取します。消化率を80％とすれば、ご飯28杯分に相当します。実りの秋、食欲の秋、暑さのあとの涼しい季節に私たちの食も進みますが、クマたちにとって秋の食事はずっと切実な問題です。

　クマ類は肉食動物の仲間ながら、果実なども積極的に食べます。肉も植物も食べられるとは言っても、北半球の緯度の高い地域に住むクマ類の場合、雪の降る真冬には食べもの自体が見つけられません。そこでかれらは秋のうちにたらふく食べ、皮下脂肪を蓄えて、冬のあいだは土に掘った穴や木のうろなどで、ほとんど眠ったままで冬ごもりをするのです。

秋

［ニホンツキノワグマ］ネコ目クマ科
［体長］1.1〜1.5m　［体重］40〜150kg　［分布］本州、四国

| ニホンツキノワグマ ひとことガイド | 妊娠したメスは、冬ごもり中に体重200〜400グラムの赤ちゃんを生みます。赤ちゃんは春までに母乳だけで約10倍の重さに成長。母グマは、出産しなかったメスより4〜5割も体重が減ると推測されます。 |

ヒメウォンバット

特製カボチャで楽しむハロウィン

　ハロウィンの決まり文句と言えば「トリック・オア・トリート（お菓子をくれなきゃいたずらするぞ）」ですが、茶臼山動物園のヒメウォンバットには、トリックとトリートが一緒に来ているようです。大きなカボチャでお化けの頭をつくったジャック・オ・ランタン。ヒメウォンバットが足で押すと、その口からリンゴやニンジン、イモなどがこぼれます。今日のトリート（お菓子）は、工夫しないと食べられないというトリック（いたずら）つきなのです。

　ウォンバットは有袋類のなかでもコアラに近い種で、コアラが木の上で生活する道を歩んだのに対し、ウォンバットは地面に穴を掘ってくらしています。かれらの前足の爪は土を掘るのに向いた横幅のある、がっしりしたもので、時には10メートルに及ぶ巣穴を掘る力を持つので、自分の体の半分ほどもある大きなカボチャも余裕で転がせます。

　ちなみに、ヒメウォンバットがハロウィンに食べたものが、フンとなって出てくるのは半月後。こんなに時間をかけて消化するので、フンが脱水、圧縮されてしまい、四角くなって出てきます。この四角いフンは転がりにくいため、自分の縄張りをほかの個体に示すのにも役立つようです。

秋

［ヒメウォンバット］カンガルー目ウォンバット科
［体長］90～115cm　［体重］22～39kg　［分布］オーストラリア、タスマニア島

ヒメウォンバットのメスの育児嚢（お腹の袋）は、お尻のほうに入り口があります。これは地中を移動するときなどに、土が育児嚢のなかに入らないための適応と考えられています。

ヒメウォンバット
ひとことガイド

ホンドフクロウ

冬支度のときだけは
森の賢者らしからぬ姿

　なんだかぼさぼさした姿のホンドフクロウ。精悍で賢そうなフクロウを期待していた目には、ちょっと拍子抜けかもしれませんが、このホンドフクロウは換羽の時期を迎えているのです。換羽する鳥は多くいますが、ホンドフクロウがとりわけぼさぼさして見えるのは、羽ばたいても音がしないほど、ふわっふわの羽質ということに加えて、首の骨格にも理由があります。

　フクロウが不意にくるりと後ろを向く姿を見たことがあると思います。およそ270度も回すことができるのですが、動物の首がロボットのようにくるくる回るはずはありません。実はフクロウの首はとても長いのです。ヒトを含め、ほとんどの哺乳類の首の骨は7個ですが、フクロウの仲間は12〜14個もあります。ヘビがくねくねと動けるように、長くて関節が多い首のおかげで、まるで首がぐるぐる回るような動きが可能なのです。

　そんなわけで、長いはずの首が、ずんぐりと首の詰まった体型に見えるほど、分厚く羽毛に包まれているので、換羽の途中はぼさぼさしてしまうのです。

秋

［ホンドフクロウ］　フクロウ目フクロウ科
［全長］48〜52cm　［体重］0.5〜1kg　［分布］本州北部

ホンドフクロウ
ひとことガイド

夜の闇のなか狩りをするフクロウの聴覚は敏感です。耳の穴は左右非対称についており、パラボラアンテナのように中央がへこんだ顔で集めた小さな音を、左右の聞こえ方のちがいで解析して、獲物の位置をつかみます。

ワオキツネザル

1日の始まりは日光浴から
寒い季節は特に重要

　薄い秋の日を惜しむように、ワオキツネザルの群れが朝の日光浴をしています。それはかれらの変わることのない日課です。体が小さく気温の影響を受けやすいことから体温調節が苦手なため、まずは朝日を浴びて体を温め、それから活動を始めるのです。

　なお、寒い冬には群れのみんなで寄り集まり、ふんわりとして長い白黒の縞模様の尾を体に巻きつけるようにして、団子状に固まっている姿もよく見かけますが、これも体温維持のための行動のひとつと考えられます。

　かれらの日光浴のスタイルは、がに股でしゃがみこみ、大きく腕を広げるという独特のポーズ。動物園で日光浴をするワオキツネザルに出会えたときは、その手首のあたりにも注目してください。オスにはポチッと黒く目立つ分泌腺があり、これを木の枝にこすりつけると、自分の行動圏の主張になります。また、しばしば両方の手首で尾をはさんで分泌腺をこすりつけているのは、匂いづけをした尾を立てて、互いに自己主張するためです。春の繁殖期にはこうした行動や争いを通して、少しでも優位に立とうと競り合うのです。

[ワオキツネザル] サル目キツネザル科
[体長] 30 ～ 48cm　[体重] 2.5 ～ 2.8kg　[分布] マダガスカル島

秋

| ワオキツネザル ひとことガイド |

ワオキツネザルの学名は「レムール・カッタ」。ネコのようなキツネザルという意味です。確かに鳴き声はネコに似ています。親しい仲間に呼びかける声なので、かれらが散らばっているときなどに注意してみてください。

コアラ

冬を迎える前に
健康診断で体調をチェック

　ユーカリの葉の入れ替えとともに、飼育員に抱っこされてバックヤードに連れていかれてしまうコアラがいます。大好きなユーカリのお預けをくらってちょっとかわいそうですが、今日は大事な健康診断の日。

　冬が近づくと、動物園ではコアラの食べものであるユーカリの確保になやまされます。健康診断は週1回ほどで定期的に行われていますが、そんな時期だからこそ、動きが少ないコアラの健康管理には一層の注意が必要なのです。

　抱きかかえられながら、まず口の匂いをチェックされます。ユーカリの爽やかな匂いなら問題ありませんが、異常があるなら口内や内臓に問題があるのかもしれません。バックヤードでは、専用の止まり木につかまらせてもらえるので、安心しながら検査を受けることができます。体重や心音もチェック項目です。年齢にもよりますが、コアラの心拍数は1分間に70～140回程度のあいだに収まります。しかし、かれらの心拍数は呼吸の深さによる変動が大きいため、コアラ自身が落ち着いていることが大切なのです。このように人間顔負けの健康診断を受けているのです。

秋

［コアラ］カンガルー目コアラ科
［体長］72～78cm　［体重］8～12kg　［分布］オーストラリア東部

| コアラ ひとことガイド | コアラは木の上では幹に抱きつき、お腹をつけていないと安心できません。健康診断のときも、飼育員がコアラを抱っこすると、しがみつきます。ただし、気を許していない人に抱っこされると逆にストレスになります。 |

お年寄り動物のために
できること

　想定外のトラブルさえなければ、多くの動物園の動物は野生のくらしよりずっと健やかに長生きします。そして少しずつ老いていきます。老化は病気ではありません。だからこそ「治る」といったものでもありません。緩やかに進んでいく動物たちの晩年にどう向き合うか。その生活の質（QOL）をどう保つのか。人間にも通じる課題がそこにあります。

　2016年に69歳で亡くなり、日本のゾウ飼育史上最長記録となっている井の頭自然文化園のアジアゾウ「はな子」が、晩年、飼育の工夫として、バナナやリンゴをすりつぶした一種の流動食を与えられていたのは有名です。ゾウは常に上下左右・計4本の臼歯を持ち、時とともにそれぞれの臼歯が全部で5回生え替わりますが、長寿を保ったはな子は、最後の生え替わりも経て、やがて臼歯が最後の1本だけとなり食べ物をかむことができなくなりました。歯の耐久性は、その動物種がどのくらいの寿命を持つかのひとつの目安になります。その限界からはみ出す、はな子のような例は動物園独特の姿です。

　歯だけではなく老いは身体能力全体を衰えさせます。旭山動物園のホッ

　キョクグマ「コユキ」は、2010年に日本最高齢の34歳で亡くなりましたが、晩年には自力で氷結したプールを割ることができなくなっていました。冬の旭川で冷え切ったプールにつかるのはコユキの楽しみのひとつでしたから、飼育展示係が補助的に氷結したプールを割ってやることにしていました。
　さらに、動物たちはそれぞれに独自の社会性を持っています。それを可能な限り満たしてやることも重要です。日本モンキーセンターは、世界最多の約60種の霊長類のコレクションを持っていますが、それゆえに1種1頭といった状態も生じてきます。ボルネオ島固有種のミュラーテナガザルのメス「クリケット」もそのひとり。そこで、同園では、推定34歳以上と考えられた高齢のクリケットに、若いオスのシロテテナガザル「ジャス」を同居させました（交雑などは回避できるようにじゅうぶんに準備した上で）。ジャスはケガなどが原因で群れに帰れないという事情がありました。すると、単独飼育では望むべくもなかった互いの毛づくろいや一緒になっての遊び、テナガザルならではの雌雄での鳴き交わしなど、サルとしての社会性が観察できるようになったのです。

動物が病気になったら
どうするの？

　みなさんが病気になったらどうしますか？　病院に行ってお医者さんにみてもらいますよね。動物園の動物が病気になったときも同じです。動物園には動物専門の病院が設けられており、数名の獣医師が、あらゆる病気やケガの治療を行います。ライオンの牙の治療に歯科医が立ち会ったり、血液検査や高度な治療を大学などの専門機関に仰いだりすることもありますが、その判断をするのも、園の獣医師です。

　ところで野生の性質を保っている動物園の動物は、自分から具合が悪いとは言いません。むしろ、「野生動物は弱みを隠す」と言われているのです。そこで大切になってくるのが、かれらが意図せずに示す、わずかな変化を見逃さないこと。エサの食べ方や残し具合、そしてフン、こうしたものは動物の体のなかの状態を教えてくれます。たとえば、カンガルーのころろしたフンが数珠のようにつながっているだけでも、消化器の不調がわかることがあります。「うんちはお腹からの手紙」、そう言ってもよいでしょう。こうしたふだんの健康管理の部分については飼育員の仕事になります。そして、どうもようすがおかしいとなったときは、いよいよ獣医師の出番です。

　では、風邪をひいた動物がいたら治療はどうするのでしょう？　答えは薬を飲んでもらうことです。人間の治療と同じです。しかし、動物たちは用心深く、ふだんとちがう味やかたちのものは、なかなか口にしてくれません。そこでたとえば、ゴリラやチンパンジーにふだんからヨーグルトを与えるようにして、いざというとき、薬の味を隠しながら混ぜるといった手段を使います。

　飲み薬では済まずに注射や採血が必要な場合もあります。たとえば何かのばい菌のせいで熱があるのではと疑われるとき、血液を調べると判断がつくことがあります。しかし動物への注射や採血はとても難しいのです。なぜなら動物に、いきなり注射をして「ちくっとするけどがまんだよ」と言っても通じないからです。そのためごく最近までやむを得ず麻酔に頼ることもありました。しかし、麻酔は危険がつきまといますし、動物が治療をストレスに感じている限り、治療により血中ホルモンなどが変化して診断のじゃまをすることもあります。そこで近年は科学的トレーニングを用いて、可能な限り麻酔を使わない低ストレスの診療を目指そうとしていますが、このことは130ページのトレーニングのコラムでお話ししましょう。

4章 冬の どうぶつえん

トキ

春を前に薄墨色の恋化粧

　冬の寒さが本格的になった1月から2月にかけて、身を寄せ合う2羽のトキはつがいです。このカップル、どうしたことか、頭から首筋にかけて真っ黒に汚れています。トキと言えば、白や薄紅の体に、朱鷺色(とき いろ)という色名にもなっている朱を帯びた美しい風切羽(かざきりばね)ではなかったでしょうか。

　実は、トキの首のあたりの地肌は黒いのですが、繁殖期に合わせて、この部分の皮ふが厚くなり、粉状にはがれ落ちやすくなります。トキたちは冬になると、春先からの産卵、子育てに向けてつがいを組むのですが、それと前後して、かれらは盛んに水浴びをします。このとき、首を大きく曲げて体をこすりつけるようにします。こうして、こすりつけるたびに、トキの頭から首筋にかけての部分が、皮ふのかけらで黒く染まっていくのです。

　こんな習性は世界中でトキだけのものです。その意味はよくわかっていませんが、繁殖可能であるというシグナルなのではないか、さらには卵を抱え温めているときに目立ちにくくするためのカムフラージュとなるのではないかと考えられています。

冬

［トキ］ペリカン目トキ科
［全長］75cm　［体重］1.6～2kg　［分布］中国、日本

トキ
ひとことガイド

夏から秋にかけての半年は群れをつくってくらしていますが、冬になると、それぞれのつがいが縄張りを持つようになります。
取材協力・いしかわ動物園

カピバラ

いい湯だな♪
冬は露天風呂で温まる

　おとなのカピバラ、子どものカピバラ、みんな気持ちよさそうに湯につかります。湯にはゆらゆらとユズも浮かび、いかにも日本らしい季節の彩りとなっています。いまや全国各地の動物園や水族館で冬の風物詩となったカピバラの露天風呂ですが、1982年に伊豆シャボテン動物公園で始まりました。ホースのお湯で展示場をそうじしている最中、わずかなお湯だまりに集まるカピバラを見てひらめいたそうです。そこには「冬のあいだ、せめてお湯で温まってほしい」という飼育スタッフの想いがこめられています。

　カピバラは元々、南アメリカの水辺の動物で、その体毛はごわごわしていて、柔らかくて密生した下毛（したげ）はありません。そんなかれらにとって、じっくりと体を温められる露天風呂は、冬を快適にしてくれるアイテムであり、また本来の習性である、水中から目、鼻、耳だけを出してゆったりと過ごすというスタイルにもピッタリなのです。

　湯冷めしないのかなとも思いますが、体毛が乾きやすいこと、私たちのように汗をかいたりしないため、湯冷めしないという説があります。

[カピバラ] ネズミ目カピバラ科
[体長] 106〜134cm　[体重] 35〜66kg　[分布] 南アメリカ

| カピバラ
ひとことガイド | カピバラは子煩悩で知られ、幼い子を母親が背負って泳ぎます。オス、メス数頭で群れをつくると、メスは共同で互いの子を世話し、群れの子の危機には、オスたちがふだんののんびりした態度を忘れたように防衛します。 |

チンパンジー

大好きなネギをかじって風邪予防

　冬の陽だまり。のんびり座ったり、緩く握った手をついた独特の姿で歩いたり、あるいはお得意の枝渡りでロープを伝ったり、チンパンジーたちはそれぞれにくつろいでいます。しかし、かれらが手に、時には足にしているものはちょっと変わっています。ネギ、ネギ、ネギ……。

　日本の冬はアフリカよりもずっと寒いため、チンパンジーも風邪をひくことがあります。動物園では、暖房や栄養など、かれらの風邪予防に心を配っていますが、ネギもそのひとつです。私たちでもネギは体を温めるとか、喉によいとか、言われていますが、ならばヒトに近いチンパンジーにもよいだろうという発想です。なによりもチンパンジー自身が、ネギが大好きなのです。

　野生のチンパンジーはイチジク類など、甘い果実のほかにしばしばショウガ類などの刺激性の強いものも食べます。私たちの感覚ではショウガをちょっぴり薬味にすることはあっても、直接もぐもぐ食べるなんて辛くないのかなと思ってしまいますが、類人猿のなかでもヒトにもっとも近いDNAを持つ、いわば森にとどまった"進化のイトコ"たちは、私たちと味覚も少々ちがうようです。

[チンパンジー] サル目ヒト科
[体長] 74～96cm　[体重] 26～70kg　[分布] アフリカ西部と中央部

冬

チンパンジー
ひとことガイド

野生の果実は繊維が多いので、チンパンジーはもぐもぐかみながら、おいしいジュース分を吸い取り、繊維のかたまりは吐き出します。これをワッジと言い、森にワッジがあれば、チンパンジーの群れの行動圏の証しです。

ニホンヤマネ

半年間、丸まったまま！
究極の省エネおこもりスタイル

　4本の足をきゅっと縮め、時には前足で目隠しするようなかたちになっていることもあります。そうやって丸まるのが、秋の終わりから春の始めまで、およそ半年にわたるニホンヤマネの冬眠の姿です。

　クマなどの冬ごもりでは体温は外界よりも高く保たれ、うつらうつらという感じですが、ニホンヤマネの場合、0℃近くに下がり、丸まった姿勢で、それ以上の放熱を避けながら、ひたすら休眠し続けます。

　かれらの寝床は、落ち葉のなかや木のうろなど、さまざまですが、巣箱をかけておくと、なかにコケなどを運びこんで冬眠することもあります。また、人家のふとんの隙間から見つかるといったことも珍しくありません。

　ニホンヤマネは秋に食いだめしてから冬眠します。野生での好物は花や蜜、果実などの甘いものと昆虫です。昆虫は高カロリーですが、冬にはいなくなります。これがニホンヤマネが冬眠する大きな要因と考えられています。動物園ではリンゴや青菜などのほかに、ミールワーム（小型の甲虫の幼虫）などを与えています。

冬

［ニホンヤマネ］ネズミ目ヤマネ科
［体長］6.1〜8.4cm　［体重］25g　［分布］本州、四国、九州

| ニホンヤマネ |
| ひとことガイド |

冬眠の安静とは打って変わって、活動期のニホンヤマネは忍者さながらです。尾でバランスを取って木の上を走るだけでなく、体の軽さを生かして細い枝の下を逆さのままぶら下がって渡ることもできます。

ミシシッピーワニ

全身も大そうじ！
1年のよごれを落としてサッパリ

　ごしごしごし、ミシシッピーワニにデッキブラシをかける飼育員。よくできた置物でしょうか。いえいえ、正真正銘の生きたワニたちです。熱川バナナワニ園では、毎年、年末にワニたちのプールを大そうじします。水を抜いてよごれやコケなどを取り除くとともに、ワニたちも洗ってやります。

　ワニは待ち伏せ型のハンターです。水際でじっと待ち続け、水を飲みに来た動物などにがぶりとかみついて水中に引きずりこみます。複数のワニがかぶりつき、実はとてもしなやかな体をくねらせて肉を食いちぎると、ヌーのような大きな動物でも逃げ切ることはできません。

　そんな習性のワニだけに、じっとしている間にプールと同じようにコケが生えてしまうのです。年末のお手入れは、ワニにとっても気持ちがよいらしく、されるがままに水をかけられ、ブラシでこすられています。このとき、ワニたちにケガなどがないかもチェックされます。ケガが見つかれば薬を塗るなど、適切な手当てが施されます。プールの大そうじ、ワニのエステと健康診断、一挙三得というところです。

冬

［ミシシッピーワニ］ワニ目アリゲーター科
［全長］4～6m　［体重］200～350kg　［分布］アメリカ南東部

ミシシッピーワニ
ひとことガイド

ワニの仲間のかむ力はおしなべて強く、大型種のイリエワニでは200キロを超えます。一方で、口をあける力はとても弱く、ゴムバンドなどで止められただけでもう降参です。

アミメキリン

冬でも緑の葉を楽しめる 飼育員の心づくし

　アミメキリンがアゴを左右にずらすようにして静かに木の葉を食べています。外ではしんしんと雪が降っています。冬のさなかのこと、落ち葉を食べているのでしょうか。しかし、いくらか緑を残し、どうもようすがちがいます。

　北日本の動物園のキリンは、苦手な雪や寒さを避けて、冬は屋内でくらします。エサも、もっぱら固形飼料や乾草で、生の枝葉は遠方から取り寄せるしかありません。でも、秋田市にある大森山動物園では、数年前から冬のキリンに、少しでも冬枯れのないアフリカのサバンナに近い食事を与えようと、「乾葉」づくりに取り組み始めました。

　乾葉は、フリーズドライの野菜のようなもの。夏ごろまでにとれる新鮮な枝葉を干して、じゅうぶんに乾いたものを通気性のある袋に入れて保存しておき、食べる直前に水で戻して、新鮮な枝葉を再現します。すべては試行錯誤でしたが、こうして限られた量ながらも、いくらかは生の葉に近いものを、キリンの冬メニューに加えることに成功したのです。その後、冬でも西日本から定期的に生の枝葉を仕入れることができるようになり、現在、乾葉づくりはその使命を終えたとのことです。

[アミメキリン]　クジラ偶蹄目キリン科
[体長] 3.8 〜 4.7m　[体重] 550 〜 1900kg　[分布] アフリカ中部と南部

| アミメキリン |
| ひとことガイド |

アミメキリンは30センチを超える長い舌で、木の葉をからめとるようにして食べます。これは、サバンナに生えるとげの生えた木で、とげをかわしながら食事をするのにも役立っています。

動物たちのあしあと

動物たちが雪に残したメッセージ

　ひとしきり雪の降り積もった翌日、動物たちの展示場には、いろんなあしあとが残っています。これほどいろいろなあしあとが見られるのは、冬の動物園ならではの光景です。

　縦長の小さな楕円のあしあと（前足）が前後に並び、それを飛び越えて少し大きめの楕円のあしあと（後ろ足）が左右に並んでいるのはウサギです（A）。ほかの動物なら前足の跡のほうへと進むはずですから、つい、逆方向に進んでいるように錯覚させられます。

　べたりとついたゴリラのあしあと。これは後ろ足です（B）。かれらは両手（前足）を握って地面につくので、こちらは4つ並んだ指の一部のあとになっています（C）。

　4つの指先と肉球のライオンのあしあと（D）。これは指全体、つまり、私たちで言えば爪先立ちの姿です。一方、同じ肉食動物でも、ツキノワグマは私たち同様に足の裏全体を地面につけており（E）、このことからクマは2本足でも安定した立ち姿をとることができます。

　大きなひづめふたつのキリンのあしあと（F）。ひづめは、人間で言えば、指の骨の一番先端のひとつだけを固い殻のように包んでいるものです。つまり、キリンは常にバレリーナのように爪先だけで歩いているのです。

動物たちのあしあと ひとことガイド

ウサギは雪の上で立ち止まり、何歩か引き返して不意に真横に跳ぶことがあります。これを数回繰り返すと、あしあとを頼りに追跡するキツネなどは惑わされてしまいます。

オランウータン

絶対に落ちない
「受験の神様」やってます

　見上げれば15メートルほどの上空で、オランウータンがぴんと張られたロープを渡っていきます。おとなは両手両足で上下両方のロープをつかみますが、小柄で身軽な子どもは腕力だけを頼りにすいすいと進んでいきます。

　野生のオランウータンは東南アジアの熱帯雨林に住み、木の上で果実を中心に食べながら過ごしています。多摩動物公園では、オランウータンに樹上性を発揮してもらおうと、150メートルに及ぶスカイウォークをつくりました。

　私たちには到底無理ですが、オランウータンは手足全部がものを握れるかたちになっており、腕も長ければ足も私たちよりずっと柔軟に開くので、しっかりと安全を確保しながら渡っていくことができます。握力も人間よりはるかに強いのではないかと推測されています。

　12月から翌3月くらいまで、寒さ対策のためにスカイウォークは中止となりますが（※）、受験に向けての追いこみでもある真冬、年明けから「絶対に落ちない」オランウータンの展示場前には絵馬を掛けられるブースが設けられ、合格祈願を請け負う受験の神様になっています。

[オランウータン]　サル目ヒト科
[体長] 78～97cm　[体重] 37～90kg　[分布] スマトラ島、ボルネオ島

※イラストはイメージです。

| オランウータン |
| ひとことガイド |

オランウータンの移動法には、枝から枝への腕渡りだけでなく、母親が2本の木をつなぐように枝と枝をつかみ、その上を子どもが移動する橋渡しや、体重で木をしならせて隣の木に移るツリーウェイなどがあります。

ジャイアントパンダ

クマでも冬は大歓迎
雪が降ったら遊び倒す

　雪が降れば、イヌは庭をかけ回り、ネコはコタツで丸くなる……はずですが、ジャイアントパンダは、中国語で「大熊猫」と呼ばれるのに、雪遊びが大好きです。

　ジャイアントパンダはクマ科の動物です。寒い地域のクマ類は、秋に食いだめした栄養を使って冬ごもりをします（→ P.82）。しかし、中国四川省など雪深い山地出身のジャイアントパンダは例外的に冬ごもりしません。それはかれらが竹やササを主食とすることと関係しています。ほかの植物とちがって、竹やササは冬の雪のなかでも枯れることなく茂っています。そのため、食いだめと絶食による冬ごもりは必要ないのです。また、竹やササはカロリーが低いため、1日に20キロも食べる必要があり、かれらの食性は食いだめに向かないとも考えられます。

　そんなわけで、動物園のジャイアントパンダにとって、寒さと雪は大歓迎。大きな体に似合わずあおむけに寝たまま腹筋で起き上がったり、木の枝に器用に座って寝たりできる柔軟性を、ここぞとばかりに発揮して雪のなかを転げ回ります。苦手な暑い夏は、だらんとしていることが多いかれらの、見ちがえるような姿に出会えるのです。

冬

[ジャイアントパンダ] ネコ目クマ科
[体長] 1.2 ～ 1.5m　[体重] 75 ～ 160kg　[分布] 中国中西部

ジャイアント パンダ ひとことガイド	妊娠中のメスはシカなどを食べて栄養を蓄え、ほかのクマ類と同じように冬ごもりし、そのあいだに子どもを生み育てます。200グラムに満たず毛も生えそろわない未熟な子どもを育てるには、冬ごもりは合理的です。

プレーリードッグ

ふわふわモコモコで
家族団欒

　大小のまん丸いふわふわしたものが寄り集まっています。これは、プレーリードッグの家族の冬の定番の過ごし方。1頭のオスと数頭のメス、そして子どもたちで群れをつくり、ひとつの大きな毛玉と化します。暖かい体毛、家族、そしてその家族がともにくらす巣穴が、かれらにとっては文字通りの温もりとなります。

　ふだんからずんぐりとした体つきのプレーリードッグですが、冬毛のかれらは、とにかくふわふわモコモコしていて、夏毛のころと比べると可愛さ5割増しです。名前についている「プレーリー」とは、北アメリカの草原地帯のこと。四季の変化がくっきりとした土地に適応した動物として、かれらは秋を迎えるとともに冬毛に生え替わります。

　ちなみに、名前の「ドッグ」のほうは、敵を見つけたときの鳴き声が犬の鳴き声に似ているため。草が茂る時期には巣穴の周りを刈りこんで見晴らしをよくします。空や草むらから襲ってくる肉食動物を見つけるために、プレーリードッグは一種のガーデニングをするのです。刈りこんだ草は食べものになるとともに、巣穴に引き込まれて寝床の素材になります。冬には枯草を引きこんで寝床にします。

冬

［プレーリードッグ］ネズミ目リス科
［体長］28〜33cm　［体重］700〜1400g　［分布］アメリカ中央部

| プレーリードッグ |
| ひとことガイド |

プレーリードッグは、木の上でくらすリスとはちがい、ずんぐりとした体形です。このほうが地下のトンネルを潜りながらくらすのには向いています。かれらのむくむくとした可愛さにも進化的な意味があるのです。

トナカイ

トナカイのメスは
クリスマスも出勤日

　クリスマスにサンタクロースのソリを引く、立派な角のトナカイ。当然、オスかと思いきや、そうではありません。

　冬のトナカイは、なんだか変です。トナカイはシカの仲間なので、角があるのがオスのはずなのに、角があるほうが小柄で、角がないほうが大柄なのです。

　実は、トナカイはシカの仲間で唯一、オス、メスともに角があります。そしてほかのシカと同じように、秋の繁殖期が終われば、オスの角はぽろりと落ちてしまうのです。

　一方、メスは冬になっても角を生やしたまま。角が落ちるのは春になってからです。つまりクリスマスに角が生えているのはメスなのです。このことは、極北の厳しい環境にも耐えられるように進化してきたためと考えられます。秋の繁殖期を経て、メスのお腹には赤ちゃんがいます。しかし、かれらの地元である凍てつく大地は自分が生き残るだけでも厳しい環境です。トナカイの大きなひづめは凍った雪を砕いて地衣類（藻類と共生している菌類の仲間）などを食べるのに役立ちますが、メスの角も雪を掘る助けとなります。また角が落ちたとはいえ大柄なオスと張り合って冬を生き延びるのにも役立っていると考えられます。

[トナカイ]　クジラ偶蹄目シカ科
[体長]　1.2〜2.2m　[体重]　60〜250kg
[分布]　北極圏をふくむ北アメリカ、ヨーロッパ、アジア

|トナカイ|
|ひとことガイド|

北極圏に近い土地にくらすトナカイのなかには、冬に数百キロ（時には数千キロ）も南下して越冬する群れもいます。群れの規模は数百頭から時には数万の単位にまでふくれあがり、ひと月以上かかって移動します。

モルモット

メリークリスマス！
ケーキを食べて祝います

　クリスマスに欠かせないのがおいしいケーキ。動物園の動物たちも、それぞれの好みのケーキを楽しみます。

　たとえばモルモットには、好物の野菜や果物でつくったケーキがふるまわれます。大きなトレーの上に、デコレーションケーキのように盛りつけられた野菜と果物の数々。干し草が敷かれた上にこの特製ケーキが置かれると、モルモットたちは我先に集まってきます。クリスマス・パーティーの始まりです(※)。星はニンジンやイモの型抜き、バラに見立てられるのは青梗菜の葉の柄に近い部分です。キャベツの芯を使ったクリスマスツリーもあります。ツリーの天辺に星が輝くだけでなく、ところどころにニンジンなどのかけらでキラ星が添えられています。夢中で食べるモルモットのうれしさと、眺める私たちの楽しさがクロスして、クリスマスらしい雰囲気があふれます。

　モルモットは縄張りや上下関係を持ちますが、動物園ではふつう、メスだけの群れを展示しており、一緒に過ごすうちに争うよりうまく距離を取り合うようになります。その結果、みんなで輪になってケーキを食べているといった眺めがつくられ、見る者を和ませてくれるのです。

冬

［モルモット］ネズミ目テンジクネズミ科
［体長］20〜40cm　［体重］500〜1500g　［分布］南アメリカアンデス地方

※イラストはマザー牧場でつくられたケーキをイメージしています。

| モルモット |
| ひとことガイド |

モルモットは南アメリカ原産の家畜です。16世紀にスペイン人が南アメリカに侵入したときには、すでに現地の人々により食用として家畜化されており、さまざまな毛色の品種が生み出されていました。

みんなで寄りそいポカポカ
冬の風物詩サル団子

　サルの団子と言っても桃太郎からもらった吉備団子ではありません。子どもたちがおしくらまんじゅうで暖まるように、ニホンザルは、冬の寒い日にはみんなで寄り集まり、まるで団子のようにまとまります。これを「サル団子」と呼ぶのです。ヒトを除けば、ニホンザルはもっとも高い緯度(青森県下北半島)まで分布する霊長類です。しかし、これは決して積極的に寒さを好むというわけではありません。一部の地域で有名になっている温泉につかるといった習性を含め、温まるためにあれこれ工夫をしています。サル団子もそのひとつです。

　サル団子の場合、くっついてくる相手をこばんだり、誰かを仲間はずれにするといったことは、ほとんどありません。結果として、段々と大きな団子になっていきます。それでも誰と誰がどんなふうにくっついていくかを観察すると、群れのなかでの互いの親しさなどが読み解けると言われています。母系なので親しいメス同士がくっついていき、そのようなつながりが多いメス個体のあたりで団子がふくれあがるなど、全体として団子のかたちも変わってくるのです。

［ニホンザル］サル目オナガザル科
［体長］47〜61cm　［体重］7〜15kg　［分布］本州、四国、九州

ある研究では、幼い子のいる母ザルは母子でのサル団子を好み、子のないメスはほかの個体を毛づくろいしてから一緒に団子になる傾向があります。これらそれぞれが大きなサル団子のきっかけになり得ます。

ニホンザル
ひとことガイド

クロサイ

オリーブオイルでスキンケア
冬の乾燥対策はこれで決まり

　澄み渡った冬の空。晴れて空気が乾いているからこそ心底冷える、そんな日があります。展示場でゆったりとたたずむクロサイ。けれど、体のあちこちがまだらになっています。なぜ、こんないい天気の日にぬれているのでしょう。

　それは飼育員が吹きつけてやったオリーブオイルなのです。目元に耳に首周り、この冬流行のワンポイントファッション……ではありません。体毛が薄いサイはその分、肌がデリケートです。雨が降れば、はしゃぐようにして泥浴びをするのを見てもわかるように（→ P.62）、サイは肌の乾燥を嫌います。そんなかれらには冬の乾燥も大敵です。ひびやあかぎれで辛い思いをしないように、クロサイもしっかり保湿に励みます。

　クロサイに、オリーブオイルの意味は理解できないでしょう。しかし、それが害を及ぼすものでないのはわかっています。トレーニングの一環として、オイルをつけてもらっているあいだ、おとなしくしていれば、おやつがもらえるという、クロサイと飼育員の約束があるからです。こうしてオリーブオイルのまだら模様を装った、冬のクロサイのできあがりです。

[クロサイ]　ウマ目サイ科
[体長] 3〜3.8m　[体重] 0.8〜1.4t　[分布] アフリカ南部

| クロサイ ひとことガイド | どこにオイルを吹きつけるかは、個体の状態によって異なりますが、高齢で皮ふの乾きやすい個体などは、体の半分ほどがオイルの染みた色になってしまうといったこともあります。 |

フタコブラクダ

恋のときめきで泡を吹くほど大興奮

　フタコブラクダが口から泡を吹いています。具合が悪いのでしょうか。そうではありません。真冬は、かれらの恋のシーズン。泡を吹くほど、ずいぶん興奮しているのです。

　野生のフタコブラクダが住むモンゴルのゴビ砂漠は、冬の気温がマイナス30℃にまで下がります。そして、そんな寒さに刺激されて、オスラクダの体内には興奮を誘うホルモンがかけ巡るようになります。こうして、かれらは発情期、つまり恋のシーズンを迎えるのです。泡を吹くのもその表れというわけです。

　1頭のオスは時に30頭ものメスと、その子どもたちを従えた群れ（ハーレム）をつくります。これだけのメスを集めるには、数々のライバルオスに勝たなければなりません。ホルモンの分泌が活性化し、情熱的な興奮状態になるのも、必要に応じたメカニズムと考えられます。

　さらにラクダは犬歯が発達した動物です。草食動物なので、ふだんは犬歯を獲物に突き刺して狩りをしたりはしませんが、ライバルのオスと戦うときは、この犬歯でかみついて、相手に大きなダメージを与えることができます。

[フタコブラクダ]　クジラ偶蹄目ラクダ科
[体長] 2.2～3.5m　[体重] 300～650kg　[分布] モンゴル、中国

| フタコブラクダ ひとことガイド | フタコブラクダを始め、南アメリカのラマなども含めて、ラクダの仲間は気に入らないと、相手めがけて唾を吐きかけてきます。この唾は実は胃液なので、かなり強烈なすっぱい匂いがします。 |

オオカミ

雪に喜び野山をかけ回る

　雪景色のなか、オオカミたちは、はしゃぐようにかけ回り、声をそろえて遠吠えします。やっぱりイヌだなと思って、いやいや逆だと気づきます。

　イヌは2万年以上前にオオカミが家畜化されることで誕生しました。雪の庭先をかけ回るイヌの体内には、何万年という時を越えたオオカミの血が騒いでいるのです。

　オオカミの社会は、ペアとその子どもたちを基本とする群れです。遠吠えには群れごとの個性があるので、メンバー同士は離れていても連絡が取れます。こうした絆で結ばれたオオカミたちは、しばしば、シカなどの大型動物を群れの連係で20kmほども追跡し、倒してしまいます。狩りに成功すると、かれらはそれぞれに10キロ近くの肉を腹に収めますが、巣穴に帰ると、まだ遠出できない子どもや赤ちゃん、その面倒をみるために巣穴に残ったメンバーなどが、口元をなめて催促するのに応えて、肉を吐き戻し分け与えます。雪のなかでのじゃれあいにも、このようなオオカミの一族のつながりあいの片鱗が見て取れるのです。

冬

[オオカミ] ネコ目イヌ科
[体長] 1～1.5m　[体重] 20～80kg　[分布] 北アメリカとユーラシア

| オオカミ
ひとことガイド | イヌとオオカミは、額と鼻の継ぎ目のくぼみ（ストップ）で区別できます。チワワやラブラドールのように、イヌはストップがわかりやすいのですが、オオカミはストップがごく浅く、なめらかにつながっています。 |

トレーニングは
誰のため？

　現在、動物園では科学的トレーニングが定着しつつあります。このようなトレーニングには、大きくふたつの特徴があります。
　ひとつは動物たちの学習能力に関する理論に基づくことです。ワンステップずつ、「やらなければ罰を与えるぞ」ではなく、「○○をしたらいいこと（ちょっとしたおやつ）があるよ」と、動物とトレーナーのあいだに約束をつくっていきます。苦痛を与えたり、エサを減らしたりといったネガティヴな働きかけは慎重に避けます。過去には、職人的に優れた飼育員が独自に編み出した方法（結果的に現在の科学的トレーニングと重なっていた、ということはありますが）で行っていました。しかし、そのような取り組みは、ほかの人に伝えることが難しく、どうしてこういう効果が出たのかの説明がつかないこともあるので、いまでは科学的トレーニングに統一されています。
　トレーニング自体は単なる技術であり、どのように使うこともできます。たとえば、クマに服を着させて人間のようにふるまわせるといった行動をつくることも可能です。しかし、それは動物たちの野生を体感し、人と野

生動物が共存できる社会をつくる手助けとなる、という動物園の主要な機能に反するものです。ここから科学的トレーニングをめぐるふたつめの特徴、誰のために何を目指すのか、が浮かび上がってきます。

　結論を言えば、動物園のトレーニングは何よりも動物のためでなくてはなりません。動物たちが個体として健康を保ち、その動物本来に近い姿でいられることを目指します。健康を保つためには、たとえば定期的に採血をしなければなりませんが、それが動物にとってストレスとならないことが大切です。また、単に飼育員との個人的な関係で治療が行われるなら、必要のないときにも飼育員になつくといった、野生動物として好ましくない姿にもつながります。約束に従って前足を出し、ホイッスルを OK サインと理解して動作を完了する、そんな予防や治療のための限定的な関係が望まれます。

　飼育下で起こる異常行動や問題行動 (柵をなめる、奇妙な動きをするなど) も、動物たち本来の行動を意識して対応しなければなりません。異常行動や問題行動の原因を探り、その原因を軽減したり、行動の表れ方を方向転換したりすること。これもまたトレーニングの大切な役割です。

動物園の飼育員になるには

　日本では動物園の飼育員の資格について、統一的に定める法律はありません。動物園を運営する自治体や会社ごとに採用基準があるだけですが、動物飼育や環境保全系の仕事を学べる専門学校、動物学や野生動物管理学などを学べる大学の学部の学歴が前提となったり、大学院卒や学芸員の資格など、より高い専門性が条件となったりすることもあります。単に資格としてだけでなく、動物を本来の姿で飼育展示するためには、これらの学びが必要でもあります。公立動物園であれば職員は公務員ですから、公務員試験にパスしなくてはなりません。

　しかも、飼育員に採用されても、希望の動物に配属されるとは限りません。その意味でも幅広い知識と、動物園全体を考えて仕事をする覚悟が必要です。

　細かい条件は個別に確認いただくしかありませんし、一般論はおきますが、具体的にふたつのアドバイスをしたいと思います。日本全国の動物園に通い続けて、どの園の飼育員にも共通して大切だと考えるに至ったことがあります。

　ひとつは野生のフィールドを経験することです。P.130-131のコラムでもふれた通り、現代の動物園では、動物たちの野生を保ちながら飼育することを目指しているので、フィールド調査などに参加し、野生動物とは何かを体感することが、のちの飼育の現場で役に立つはずです。前記の専門的な学校ならば、カリキュラムに実習が含まれていたり、学校宛てに調査助手の募集が来たりするので、よいチャンスが得られるでしょう。

```
            高校卒業
        ↓           ↓
  動物関連の大学卒業    動物関連の専門学校卒業
        ↓           ↓
  公務員試験に合格    民間の動物園の採用試験に合格
        ↓           ↓
          動物園の飼育員に採用
```

　そして何より、いろいろな動物園に行くことです。来園者としての自分に楽しくかつ有意義な学びを経験させてくれたのは、どんな展示や工夫だったかを意識しながら訪れましょう。それは、動物園の飼育員とは展示を前提とした仕事であるという認識を深めるきっかけともなります。大づかみに言えば、展示と連携し、健やかな動物の姿を正しく伝えられるところまでいかなければ、動物園飼育とは言えません。それは飼育員ひとりの力だけでできることではありませんが、動物園のスタッフの一員としてできることと、やりたいことを心に描きましょう。

　私の知っているひとりの飼育員さんがいます。動物園でゾウなどを飼育する一方、昆虫などの調査研究のフィールドワークもしている豊かな見識の人ですが、彼はこんなことを言っています。

　「動物を飼うことに完全な答えはありません。だからこそ理想を追い求めるのです。目の前にいる動物が答えを指し示してくれる、そう信じています」

　こんな人たちが、これからも魅力的な動物園をつくっていってくれる。私はそう信じています。

北海道
旭川市旭山動物園 `P.92`
北海道旭川市東旭川町倉沼
TEL：0166-36-1104

おびひろ動物園
北海道帯広市字緑ヶ丘2
TEL：0155-24-2437

釧路市動物園
北海道釧路市阿寒町下仁々志別11
TEL：0154-56-2121

札幌市円山動物園 `P.22`
北海道札幌市中央区宮ケ丘3-1
TEL：011-621-1426

青森県
弥生いこいの広場
青森県弘前市大字百沢字東岩木山2480-1
TEL：0172-96-2117

岩手県
盛岡市動物公園
岩手県盛岡市新庄字下八木田60-18
TEL：019-654-8266

秋田県
秋田市大森山動物園 `P.108`
秋田県秋田市浜田字潟端154
TEL：018-828-5508

宮城県
セルコホームズーパラダイス八木山
宮城県仙台市太白区八木山本町1-43
TEL：022-229-0631

栃木県
宇都宮動物園
栃木県宇都宮市上金井町552-2
TEL：028-665-4255

那須どうぶつ王国 `P.38`
栃木県那須郡那須町大字大島1042-1
TEL：0287-77-1110

群馬県
桐生が岡動物園
群馬県桐生市宮本町3-8-13
TEL：0277-22-4442

群馬サファリパーク
群馬県富岡市岡本1
TEL：0274-64-2111

茨城県
日立市かみね動物園
茨城県日立市宮田町5-2-22
TEL：0294-22-5586

主 な 日 本 の 動 物 園

※ページ数の記載は、本文内でその園にふれているページを示します。
※編集部調べ

埼玉県

大宮公園小動物園
埼玉県さいたま市大宮区高鼻町 4
TEL：048-641-6391

さいたま市大崎公園子供動物園
埼玉県さいたま市緑区大字大崎字稲荷前 3156-1
TEL：048-878-2882

狭山市立智光山公園こども動物園
埼玉県狭山市柏原 864-1
TEL：04-2953-9779

埼玉県こども動物自然公園
埼玉県東松山市岩殿 554
TEL：0493-35-1234

東武動物公園
埼玉県南埼玉郡宮代町須賀 110
TEL：0480-93-1200

東京都

足立区生物園
東京都足立区保木間 2-17-1
TEL：03-3884-5577

江戸川区自然動物園
東京都江戸川区北葛西 3-2-1
TEL：03-3680-0777

東京都恩賜上野動物園
東京都台東区上野公園 9-83
TEL：03-3828-5171

羽村市動物公園
東京都羽村市羽 4122
TEL：042-579-4041

多摩動物公園 P.112
東京都日野市程久保 7-1-1
TEL：042-591-1611

井の頭自然文化園 P.56 P.92
東京都武蔵野市御殿山 1-17-6
TEL：0422-46-1100

東京都立大島公園動物園
東京都大島町泉津字福重 2
TEL：04992-2-9111

千葉県

市川市動植物園 P.66 P.71
千葉県市川市大町 284
TEL：047-338-1960

市原ぞうの国
千葉県市原市山小川 937
TEL：0436-88-3001

千葉市動物公園
千葉県千葉市若葉区源町 280
TEL：043-252-1111

マザー牧場 P.120
千葉県富津市田倉 940-3
TEL：0439-37-3211

神奈川県

川崎市夢見ヶ崎動物公園
神奈川県川崎市幸区南加瀬 1-2-1
TEL：044-588-4030

よこはま動物園ズーラシア
神奈川県横浜市旭区上白根町 1175-1
TEL：045-959-1000

横浜市立金沢動物園 P.46
神奈川県横浜市金沢区釜利谷東 5-15-1
TEL：045-783-9100

横浜市立野毛山動物園
神奈川県横浜市西区老松町 63-10
TEL：045-231-1307

山梨県

甲府市遊亀公園附属動物園
山梨県甲府市太田町 10-1
TEL：055-233-3875

静岡県

伊豆シャボテン動物公園 P.24 P.100
静岡県伊東市富戸 1317-13
TEL：0557-51-1111

静岡市立日本平動物園
静岡県静岡市駿河区池田 1767-6
TEL：054-262-3251

富士サファリパーク
静岡県裾野市須山字藤原 2255-27
TEL：055-998-1311

浜松市動物園 P.54
静岡県浜松市西区舘山寺町 199
TEL：053-487-1122

三島市立公園楽寿園
静岡県三島市一番町 19-3
TEL：055-975-2570

伊豆アニマルキングダム
静岡県賀茂郡東伊豆町稲取 3344
TEL：0557-95-3535

熱川バナナワニ園 P.106
静岡県賀茂郡東伊豆町奈良本 1253-10
TEL：0557-23-1105

愛知県

日本モンキーセンター P.93
愛知県犬山市大字犬山官林 26
TEL：0568-61-2327

岡崎市東公園動物園
愛知県岡崎市欠町字大山田 1
TEL：0564-27-0456

鞍ケ池公園
愛知県豊田市矢並町法沢 714-5
TEL：0565-80-5310

のんほいパーク（豊橋総合動植物公園）
愛知県豊橋市大岩町字大穴 1-238
TEL：0532-41-2185

東山動物園
愛知県名古屋市千種区東山元町 3-70
TEL：052-782-2111

長野県

飯田市立動物園 P.22
長野県飯田市扇町 33
TEL：0265-22-0416

大町山岳博物館
長野県大町市大町 8056-1
TEL：0261-22-0211

小諸市動物園
長野県小諸市丁 311（小諸城址懐古園内）
TEL：0267-22-0296

須坂市動物園
長野県須坂市臥竜 2-4-8
TEL：026-245-1770

長野市茶臼山動物園 P.84
長野県長野市篠ノ井有旅 570-1
TEL：026-293-5167

富山県
高岡古城公園動物園
富山県高岡市古城 1-6（高岡古城公園内）
TEL：0766-20-1565

富山市ファミリーパーク
富山県富山市古沢 254
TEL：076-434-1234

石川県
いしかわ動物園 P.99
石川県能美市徳山町 600
TEL：0761-51-8500

福井県
鯖江市西山動物園
福井県鯖江市桜町 3-8-9
TEL：0778-52-2737

京都府
京都市動物園 P.71
京都府京都市左京区岡崎法勝寺町
（岡崎公園内）
TEL：075-771-0210

福知山市動物園
京都府福知山市字猪崎 377-1
TEL：0773-23-4497

和歌山県
和歌山公園動物園
和歌山県和歌山市一番丁 3
TEL：073-424-8635

アドベンチャーワールド
和歌山県西牟婁郡白浜町堅田 2399
TEL：0570-06-4481

大阪府
五月山動物園
大阪府池田市綾羽 2-5-33
TEL：072-752-7082

天王寺動物園
大阪府大阪市天王寺区茶臼山町 1-108
TEL：06-6771-8401

みさき公園
大阪府泉南郡岬町淡輪 3990
TEL：072-492-1005

兵庫県
淡路ファームパークイングランドの丘
兵庫県南あわじ市八木養宜上 1401
TEL：0799-43-2626

神戸どうぶつ王国
兵庫県神戸市中央区港島南町 7-1-9
TEL：078-302-8899

神戸市立王子動物園 P.50
兵庫県神戸市灘区王子町 3-1
TEL：078-861-5624

姫路セントラルパーク
兵庫県姫路市豊富町神谷 1434
TEL：079-264-1611

姫路市立動物園
兵庫県姫路市本町 68
TEL：079-284-3636

岡山県
池田動物園
岡山県岡山市北区京山 2-5-1
TEL：086-252-2131

島根県
松江フォーゲルパーク
島根県松江市大垣町 52
TEL：0852-88-9800

広島県
広島市安佐動物公園
広島県広島市安佐北区安佐町大字動物園
TEL：082-838-1111

山口県
ときわ動物園
山口県宇部市則貞 3-4-1
TEL：0836-21-3541

周南市徳山動物園
山口県周南市徳山 5846
TEL：0834-22-8640

秋吉台自然動物公園サファリランド
山口県美祢市美東町赤 1212
TEL：08396-2-1000

愛媛県
愛媛県立とべ動物園
愛媛県伊予郡砥部町上原町 240
TEL：089-962-6000

徳島県
とくしま動物園北島建設の森
徳島県徳島市渋野町入道 22-1
TEL：088-636-3215

高知県
わんぱーくこうちアニマルランド
高知県高知市桟橋通 6-9-1
TEL：088-832-0189

高知県立のいち動物公園
高知県香南市野市町大谷 738
TEL：0887-56-3500

福岡県
大牟田市動物園
福岡県大牟田市昭和町 163
TEL：0944-56-4526

到津の森公園
福岡県北九州市小倉北区上到津 4-1-8
TEL：093-651-1895

久留米市鳥類センター
福岡県久留米市東櫛原町 1667（中央公園内）
TEL：0942-34-2895

福岡市動物園
福岡県福岡市中央区南公園 1-1
TEL：092-531-1968

国営海の中道海浜公園動物の森
福岡県福岡市東区大字西戸崎 18-25
TEL：092-603-1111

大分県
九州自然動物公園アフリカンサファリ
大分県宇佐市安心院町南畑 2-1755-1
TEL：0978-48-2331

長崎県
西海国立公園
九十九島動植物園 森きらら
長崎県佐世保市船越町 2172
TEL：0956-28-0011

長崎バイオパーク
長崎県西海市西彼町中山郷 2291-1
TEL：0959-27-1090

熊本県
熊本市動植物園
熊本県熊本市東区健軍 5-14-2
TEL：096-368-4416

宮崎県
宮崎市フェニックス自然動物園
宮崎県宮崎市塩路浜山 3083-42
TEL：0985-39-1306

鹿児島県
鹿児島市平川動物公園 P.10
鹿児島県鹿児島市平川町 5669-1
TEL：099-261-2326

沖縄県
沖縄こどもの国
沖縄県沖縄市胡屋 5-7-1
TEL：098-933-4190

ネオパークオキナワ
（名護自然動植物公園）
沖縄県名護市字名護 4607-41
TEL：0980-52-6348

さくいん

あ

青森県下北半島　122
アカカンガルー　60、61、80、81
アサギマダラ　18、19
旭山動物園　92
アザラシ　42
アジア　52、118
アジアゾウ　50、51、92
アジアの南部　56
熱川バナナワニ園　106
アフリカ　14、15、102、108
アフリカ西部　54、102
アフリカ中央部　102
アフリカ中部　108
アフリカ東部　62、64
アフリカ南部　62、64、108、124
アフリカの水辺　58
アフリカ北部　44
アミメキリン　108、109
アメリカ中央部　116
アメリカ南東部　106
アメリカビーバー　22、23
アリクイ科　28
アリゲーター科　106
淡路島　76
飯田市立動物園　22
イシガメ科　16
いしかわ動物園　99
伊豆シャボテン動物公園　24、100
イタチ科　66
市川市動植物園　66、71
イヌ　114、116、128、129
イヌ科　44、128
井の頭自然文化園　56、92
イノシシ　70
イリエワニ　107
インド　14、66
インドクジャク　24、25

インドサイ　62
ウォンバット　84、85
ウォンバット科　84
ウサギ　78、110、111
ウサギ科　78
ウサギ目　78
ウサギのあしあと　111
ウシ科　20、46
ウマ科　64
ウマ目　62、64、124
オオカミ　128、129
オーストラリア　60、80、84
オーストラリア東部　90
大森山動物園　108
オットセイ　69
オナガザル科　74、122
オランウータン　71、112、113

か

カイウサギ　79
カバ　58、59
カバ科　58
カピバラ　68、80、100、101
カピバラ科　100
カメ　16
カメ目　16
カモ科　56
カモ目　56
カリガネ　56、57
カワウソ　66
カンガルー　60、80、81、94
カンガルー科　60、80
カンガルー目　60、80、84、90
キジ科　24
キジ目　24
北アメリカ　22、118、128
北アメリカの草原地帯　116
キタシロサイ　62
キツネ　44、111
キツネザル　89
キツネザル科　88
キュウシュウノウサギ　78
京都市動物園　71
キリン　32、33、108、109、110
キリン科　108
キリンのあしあと　110、111

クジャク　24
クジラ偶蹄目
12、20、46、58、108、118、126
クマ
69、70、82、104、110、130
クマ科　30、40、42、82、114
クマ類　31、82、114、115
クロサイ　63、124、125
コアラ　84、90、91
コアラ科　90
神戸市立王子動物園　50
コツメカワウソ　66、67
ゴリラ　34、54、55、71、95
ゴリラのあしあと　110、111

さ

サイ　62、69、124
サイ科　62、124
札幌市円山動物園　22
サバンナシマウマ　64、65
サル　93
サル目　54、74、88、102、112、122
シカ　12、13、115、118、128
シカ科　12、118
シマウマ　64、65
ジャイアントパンダ
30、31、40、114、115
ジャガー　71
シロイワヤギ　46、47
シロサイ　62、63
シロテテナガザル　93
スマトラ島　112
ゾウ　50、51、62、92
ゾウ科　50
ゾウ目　50

た

台湾　18
タスマニア島　84
タテハチョウ科　18
タテハモドキ　19
多摩動物公園　112
チェコの動物園　62
茶臼山動物園　84
中央アフリカ　38

中央アメリカ　26
中国　98、126
中国四川省　114
中国中西部　30、114
中国南部　40、50、66
チョウ　18、19、69
チョウ目　18
チワワ　129
チンパンジー　33、95、102、103
ツキノワグマ　82、110
ツキノワグマのあしあと　111
テナガザル　93
テンジクネズミ科　120
東南アジア　50、66、112
東北地方　18、56
トウホクノウサギ　78、79
トキ　98、99
トキ科　98
トナカイ　118、119
トラ　14、52、53

な

那須どうぶつ王国　38
ナマケモノ　10、11
ニシゴリラ　54、55
日本　12、98、102
ニホンイシガメ　16、17
日本（関東地方より南）　18
日本（九州）
16、74、76、78、104、122
ニホンザル　74、75、122、123
ニホンジカ　12、13
日本（四国）
16、74、76、78、82、104、122
ニホンツキノワグマ　82、83
ニホンノウサギ　78
日本（本州）
16、74、76、82、104、122
日本（本州の太平洋側）　78
日本（本州の東北地方）　78
日本（本州の日本海側）　78
日本（本州北部）　86
日本モンキーセンター　93
ニホンヤマネ　104、105
ニホンリス　76、77
ニュージーランド　20

ネコ　89、114
ネコ科　14、52
ネコ目
14、30、40、42、44、52、66、
82、114、128
ネズミ目
22、76、100、104、116、120

は

ハシビロコウ　38、39
ハシビロコウ科　38
浜松市動物園　54
ビーバー　22、23、35
ビーバー科　22
東アジア　12
ヒツジ　20、21
ヒト　74、122
ヒト科　54、102、112
ヒマラヤ　40
ヒメウォンバット　84、85
平川動物公園　10
フェネック　44、45
フクロウ　86
フクロウ科　86
フクロウ目　86
ブタ　70
フタコブラクダ　126、127
フタユビナマケモノ　10、11
フタユビナマケモノ科　10
フラミンゴ　26、27
フラミンゴ科　26
フラミンゴ目　26
プレーリードッグ　116、117
フンボルトペンギン　48、49
ベニイロフラミンゴ　26、27
ペリカン目　38、98
ペンギン　48、49、69
ペンギン科　48
ペンギン目　48
北極　42、56
北極圏　42、56、118、119
ホッキョクグマ　42、43、92
ボルネオ島　93、112
ホンドフクロウ　86、87

ま

マザー牧場　120
マダガスカル島　88
ミシシッピーワニ　106、107
南アジア　24、50
南アメリカ　26、100、121
南アメリカアンデス地方　120
南アメリカ東部　28
南アメリカの海岸　48
南アメリカ北部　10、28
ミナミコアリクイ　28、29
ミナミシロサイ　62
ミュラーテナガザル　93
モルモット　120、121
モンゴル　126

や

ヤマネ科　104
有袋類　84
有毛目　10、28
ユーラシア　128
ユーラシア大陸　56
ユーラシアの北極圏　56
ヨーロッパ　56、118
横浜市立金沢動物園　46

ら

ライオン　14、15、68、70、94
ライオンのあしあと　110、111
ラクダ　126
ラクダ科　126
ラブラドール　129
ラマ　127
リス　117
リス科　76、116
類人猿　71、102
霊長類　34、68、70、93、122
レッサーパンダ　40、41
レッサーパンダ科　40
レムール・カッタ　89
ロッキー山脈　46

わ

ワオキツネザル　88、89
ワニ　106、107
ワニ目　106

参考文献

上野将敬ほか（2013）「ニホンザルメスのサル団子形成における毛づくろいの役割」日本心理学会第77回大会
大井徹（2009）『ツキノワグマ』東海大学出版会
小川秀司（2010）「マクカのさるだんご形成における社会的な複雑さ」『霊長類研究』26（2）
小田亮（1996）「マダガスカルのワオキツネザルによる音声コミュニケーション」（学位論文要旨）
http://gakui.dl.itc.u-tokyo.ac.jp/cgi-bin/gazo.cgi?no=111735
「カピバラは湯冷めしないの？　研究者に聞いてみた」https://this.kiji.is/316911601271850081
川道武男・山田文雄（1996）「日本産ウサギ目の分類学的検討」『哺乳類科学』35（2）
京都大学人類進化論研究室「ヤクザルの生活と社会」
http://jinrui.zool.kyoto-u.ac.jp/FuscataHome/yakuzaru.html
久世濃子（2013）「オランウータンってどんな「ヒト」？」朝日学生新聞社
J. クラットン＝ブロック（1989）『図説 動物文化史事典』原書房
小林達彦（2005）『誰も知らない野生のパンダ』経済界
小原二郎（1993）『動物園の博物誌』中国新聞社
佐々木時雄（1977）『続動物園の歴史―世界編』西田書店
佐々木時雄（1987）『動物園の歴史―日本における動物園の成立』講談社
E.T. シートン（1998）『シートン動物誌11 ビーバーの建築術』紀伊國屋書店
森林総合研究所（1994）「ニホンリスの貯食行動によるオニグルミの更新」
https://www.ffpri.affrc.go.jp/pubs/seikasenshu/1994/p04.html
東京の野生ニホンザル観察会「東京のサル」http://tokyo-monkeys.cool.coocan.jp/
長谷川眞理子（2005）『クジャクの雄はなぜ美しい？　増補改訂版』紀伊國屋書店
J.N. ヘア（2016）「ゴビ砂漠の希少な野生ラクダ、絶滅から救えるか」ナショナルジオグラフィック
http://natgeo.nikkeibp.co.jp/atcl/news/16/021900060/
渡辺克仁（2008）『カピバラ』東京書籍
渡辺克仁（2009）『カピバラ大好き』ゴマブックス

Gentle,I..(2016) "Why do wombats do cube-shaped poo?"
https://theconversation.com/why-do-wombats-do-cube-shaped-poo-55975
National Geographic(2015) "HOW DO KANGAROOS SURVIVE THE AUSSIE OUTBACK?"
http://www.nationalgeographic.com.au/animals/how-do-kangaroos-survive-the-aussie-outback.aspx
Physical Characteristics of the Koala(Australian Koala Foundation)
https://www.savethekoala.com/about-koalas/physical-characteristics-koala
San Diego Zoo Global(2011) "Red Kangaroo Fact Sheet"
http://library.sandiegozoo.org/factsheets/red_kangaroo/red_kangaroo.html

Profile

著 森 由民 もり・ゆうみん

1963年12月27日生まれ。1年の半分は動物園に通う動物園ライター。
日本各地の動物園を訪れ、飼育員さんと動物のかかわり、動物の展示の手法などの取材を続けている。
著書に『動物園を楽しむ99の謎』(二見書房)、『ASAHIYAMA－旭山動物園物語』
(角川グループパブリッシング)、『ひめちゃんとふたりのおかあさん』(フレーベル館)、
『約束しよう、キリンのリンリン』(フレーベル館)、『動物園のひみつ 展示の工夫から飼育員の仕事まで』
(PHP研究所)。動物園に関するガイドや講演も多数。

絵 サクマ ユウコ

絵描きデザイナーとして、書籍、ウェブ、広告ポスター、雑貨を中心に活動。
よこはま夜の動物園2017ポスターデザイン最優秀賞受賞。よこはま動物園ズーラシア、
野毛山動物園、金沢動物園のオリジナルポスターカレンダー(2018年)の
デザイン・イラストも手がけている。
飼育員を目指したこともあるほどの動物園好き。

春・夏・秋・冬　どうぶつえん
2018(平成30)年　10月1日　初版第1刷発行

著者	森 由民		ブックデザイン	阿部 美樹子
編集	荒井 正(株式会社アマナ ネイチャー&サイエンス)		絵	サクマ ユウコ
発行者	錦織 圭之介			カガワ カオリ
発行所	株式会社東洋館出版社		印刷・製本	藤原印刷株式会社
	〒113-0021 東京都文京区本駒込5-16-7			
	営業部　TEL 03-3823-9206			©Yumin Mori 2018 Printed in Japan
	FAX 03-3823-9208			ISBN978-4-491-03555-0
	編集部　TEL 03-3823-9207			
	FAX 03-3823-9209			
振替	0018-7-96823			
URL	http://www.toyokanbooks.com			